12 단계 초등 6학년

↓ 정답은 EBS 초등사이트(primary.ebs.co.kr)에서 다운로드 받으실 수 있습니다.

교재 내용 문의
교재 내용 문의는 EBS 초등사이트
(primary.ebs.co.kr)의
교재 Q&A 서비스를 활용하시기 바랍니다.

교재 정오표 공지
발행 이후 발견된 정오 사항을
EBS 초등사이트 정오표 코너에서 알려 드립니다.
강좌/교재 → 교재 로드맵 → 교재 선택 → 정오표

교재 정정 신청
공지된 정오 내용 외에 발견된 정오 사항이 있다면
EBS 초등사이트를 통해 알려 주세요.
강좌/교재 → 교재 로드맵 → 교재 선택 → 교재 Q&A

수학 꽉 잡아

초등 '국가대표' 만점왕
이제 **수학**도 꽉 잡아요!

EBS 선생님 **무료강의 제공**

1 연산	2 기본	3 응용	4 심화
예비 초등~6학년	초등1~6학년	초등1~6학년	초등4~6학년

12 단계 초등 6학년

만점왕 연산을 선택한
친구들과 학부모님께!

연산은 수학을 공부하는 데 기본이 되는 **수학의 기초 학습**입니다.

어려운 사고력 문제를 풀 수 있는 학생도 정확하고 빠른 속도의 연산 실력이 부족하다면 높은 수학 점수를 받을 수 없습니다.

정해진 시간 안에 문제를 풀어야 하는 데 기초 연산 문제에서 시간을 다 소비하고 나면 정작 문제 해결을 위한 문제를 풀 시간이 없게 되기 때문입니다.

이처럼 연산은 매우 중요하지만 한 번에 길러지는 게 아니라 **꾸준히 학습해야** 합니다. 하지만 기계적인 연산을 반복하는 것은 사고의 폭을 제한할 수 있으므로 연산도 올바른 방법으로 학습해야 합니다.

처음 연산을 시작하는 학생에게는 연산의 정확성과 속도를 높이는 것이 중요하므로 수학의 개념과 원리를 바탕으로 한 충분한 훈련을 통해 연산 능력을 키워야 합니다.

만점왕 연산은 올바른 연산 공부를 위해 만들어진 책입니다.

만점왕 연산의 특징은 무엇인가요?

  만점왕 연산은 수학 교과 내용 중 수와 연산, 규칙성 단원을 반영하여 학교 진도에 맞추어 연산 공부를 하기 좋게 만든 책으로 누구나 한 번쯤 해 봤을 연산 교재와는 차별화하여 매일 2쪽씩 부담없이 자기 학년 과정을 꾸준히 공부할 수 있는 연산 교재입니다.

  만점왕 연산의 특징은 학교에서 배우는 수학 공부와 병행할 수 있도록 수학의 가장 기초가 되는 연산을 부담없이 매일 학습이 가능하도록 구성하였다는 점입니다.

만점왕 연산은 총 몇 단계로 구성되어 있나요?

  취학 전 대상인 예비 초등학생을 위한 **예비 2단계**와 **초등 12단계**를 합하여 총 **14단계**로 구성되어 있습니다.

  한 단계는 한 학기를 기준으로 구성하였기 때문에 초등 입학 전부터 시작하여 예비 초등 1, 2단계를 마친 다음에는 1학년부터 6학년까지 총 12학기 동안 꾸준히 학습할 수 있습니다.

단계	Pre ❶단계	Pre ❷단계	❶단계	❷단계	❸단계	❹단계	❺단계
	취학 전 (만 6세부터)	취학 전 (만 6세부터)	초등 1-1	초등 1-2	초등 2-1	초등 2-2	초등 3-1
분량	10차시	10차시	8차시	12차시	12차시	8차시	10차시

단계	❻단계	❼단계	❽단계	❾단계	❿단계	⓫단계	⓬단계
	초등 3-2	초등 4-1	초등 4-2	초등 5-1	초등 5-2	초등 6-1	초등 6-2
분량	10차시	10차시	10차시	10차시	10차시	10차시	10차시

5일차 학습을 하루에 다 풀어도 되나요?

  연산은 한 번에 많이 푸는 것이 아니라 매일 꾸준히, 그리고 점차 난이도를 높여 가며 풀어야 실력이 향상됩니다.

  만점왕 연산 교재로 **월요일부터** 금요일까지 하루에 2쪽씩 학기 중에 학교 수학 진도와 병행하여 푸는 것이 가장 좋습니다.

학습하기 전! **단원 도입**을 보면서 흥미를 가져요.

그림으로 이해

각 차시의 내용을 한눈에 이해할 수 있는 간단한 그림으로 표현하였어요.

학습 목표

각 차시별 구체적인 학습 목표를 제시하였어요.

학습 체크란

[원리 깨치기] 코너와 [연산력 키우기] 코너로 구분되어 있어요. 연산력 키우기는 날짜, 시간, 맞은 문항 개수를 매일 체크하여 학습 진행 과정을 스스로 관리할 수 있도록 하였어요.

친절한 설명글

차시에 대한 이해를 돕고 친구들에게 학습에 대한 의욕을 북돋는 글이에요.

원리 깨치기만 보면 계산 원리가 보여요.

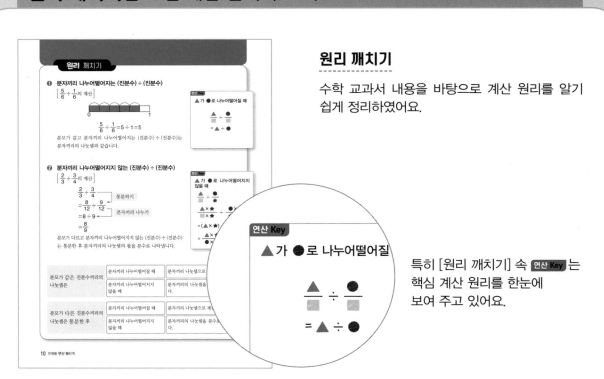

원리 깨치기

수학 교과서 내용을 바탕으로 계산 원리를 알기 쉽게 정리하였어요.

특히 [원리 깨치기] 속 **연산 Key** 는 핵심 계산 원리를 한눈에 보여 주고 있어요.

5DAY 연산력 키우기로 연산 능력을 쑥쑥 길러요.

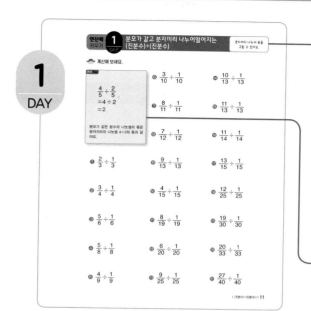

연산력 키우기 5 DAY 학습

- [연산력 키우기] 학습에 앞서 [원리 깨치기]를 반드시 학습하여 계산 원리를 충분히 이해해요.

- 각 DAY 1쪽에 있는 오른쪽 상단의 힌트를 읽으면 문제를 풀 때 도움이 돼요.

- 각 DAY 연산 문제를 풀기 전, 연산 Key 를 먼저 확인하고 계산 원리와 방법을 스스로 이해해요.

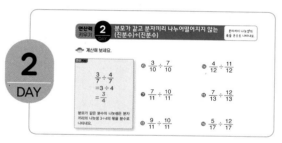

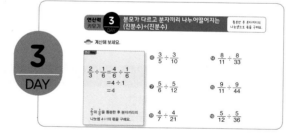

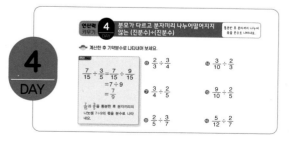

단계 학습 구성

차례

우리끼리
나누자~

분모는 떠날게~

(진분수)÷(진분수) ⑴

학습목표 1. 분자끼리 나누어떨어지는 (진분수)÷(진분수)의 계산 익히기
2. 분자끼리 나누어떨어지지 않는 (진분수)÷(진분수)의 계산 익히기

원리 깨치기

❶ 분자끼리 나누어떨어지는
  (진분수)÷(진분수)
❷ 분자끼리 나누어떨어지지 않는
  (진분수)÷(진분수)

월   일

 이해!   한번 더!

분자끼리 나누어떨어지는 (진분수)
÷(진분수)를 어떻게 계산할 수 있을
까? 또 분자끼리 나누어떨어지지 않는
(진분수)÷(진분수)는 어떻게 계산할
수 있을까?
자! 그럼, (진분수)÷(진분수)를 공부
해 보자.

연산력 키우기

❶ DAY		맞은 개수
		전체 문항
월	일	21
걸린시간 분	초	24

❷ DAY		맞은 개수
		전체 문항
월	일	21
걸린시간 분	초	24

❸ DAY		맞은 개수
		전체 문항
월	일	21
걸린시간 분	초	24

❹ DAY		맞은 개수
		전체 문항
월	일	21
걸린시간 분	초	24

❺ DAY		맞은 개수
		전체 문항
월	일	21
걸린시간 분	초	24

❶ 분자끼리 나누어떨어지는 (진분수) ÷ (진분수)

$\left[\dfrac{5}{6} \div \dfrac{1}{6}\text{의 계산}\right]$

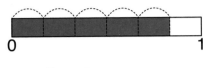

$$\dfrac{5}{6} \div \dfrac{1}{6} = 5 \div 1 = 5$$

분모가 같고 분자끼리 나누어떨어지는 (진분수) ÷ (진분수)는
분자끼리의 나눗셈과 같습니다.

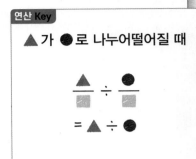

❷ 분자끼리 나누어떨어지지 않는 (진분수) ÷ (진분수)

$\left[\dfrac{2}{3} \div \dfrac{3}{4}\text{의 계산}\right]$

$$\dfrac{2}{3} \div \dfrac{3}{4}$$

통분하기

$$= \dfrac{8}{12} \div \dfrac{9}{12}$$

분자끼리 나누기

$$= 8 \div 9$$

$$= \dfrac{8}{9}$$

분모가 다르고 분자끼리 나누어떨어지지 않는 (진분수) ÷ (진분수)
는 통분한 후 분자끼리의 나눗셈의 몫을 분수로 나타냅니다.

분모가 **같은** 진분수끼리의 나눗셈은	분자끼리 나누어떨어질 때	분자끼리 나눗셈으로 계산합니다.
	분자끼리 나누어떨어지지 않을 때	분자끼리의 나눗셈을 분수로 나타냅니다.
분모가 **다른** 진분수끼리의 나눗셈은 **통분한 후**	분자끼리 나누어떨어질 때	분자끼리 나눗셈으로 계산합니다.
	분자끼리 나누어떨어지지 않을 때	분자끼리의 나눗셈을 분수로 나타냅니다.

분모가 같고 분자끼리 나누어떨어지는 (진분수)÷(진분수)

분자끼리 나누어 몫을 구할 수 있어요.

🐡 계산해 보세요.

연산 Key

$$\frac{4}{5} \div \frac{2}{5}$$
$$= 4 \div 2$$
$$= 2$$

분모가 같은 분수의 나눗셈의 몫은 분자끼리의 나눗셈 4÷2의 몫과 같아요.

❶ $\dfrac{2}{3} \div \dfrac{1}{3}$

❷ $\dfrac{3}{4} \div \dfrac{1}{4}$

❸ $\dfrac{5}{6} \div \dfrac{1}{6}$

❹ $\dfrac{5}{8} \div \dfrac{1}{8}$

❺ $\dfrac{4}{9} \div \dfrac{1}{9}$

❻ $\dfrac{3}{10} \div \dfrac{1}{10}$

❼ $\dfrac{8}{11} \div \dfrac{1}{11}$

❽ $\dfrac{7}{12} \div \dfrac{1}{12}$

❾ $\dfrac{9}{13} \div \dfrac{1}{13}$

❿ $\dfrac{4}{15} \div \dfrac{1}{15}$

⓫ $\dfrac{8}{19} \div \dfrac{1}{19}$

⓬ $\dfrac{6}{20} \div \dfrac{1}{20}$

⓭ $\dfrac{9}{25} \div \dfrac{1}{25}$

⓮ $\dfrac{10}{13} \div \dfrac{1}{13}$

⓯ $\dfrac{11}{13} \div \dfrac{1}{13}$

⓰ $\dfrac{11}{14} \div \dfrac{1}{14}$

⓱ $\dfrac{13}{15} \div \dfrac{1}{15}$

⓲ $\dfrac{12}{25} \div \dfrac{1}{25}$

⓳ $\dfrac{19}{30} \div \dfrac{1}{30}$

⓴ $\dfrac{20}{33} \div \dfrac{1}{33}$

㉑ $\dfrac{27}{40} \div \dfrac{1}{40}$

🐡 계산해 보세요.

① $\dfrac{2}{3} \div \dfrac{2}{3}$

② $\dfrac{4}{5} \div \dfrac{2}{5}$

③ $\dfrac{6}{7} \div \dfrac{2}{7}$

④ $\dfrac{6}{7} \div \dfrac{3}{7}$

⑤ $\dfrac{9}{10} \div \dfrac{3}{10}$

⑥ $\dfrac{6}{8} \div \dfrac{3}{8}$

⑦ $\dfrac{4}{9} \div \dfrac{2}{9}$

⑧ $\dfrac{8}{9} \div \dfrac{2}{9}$

⑨ $\dfrac{10}{11} \div \dfrac{5}{11}$

⑩ $\dfrac{12}{13} \div \dfrac{2}{13}$

⑪ $\dfrac{21}{26} \div \dfrac{7}{26}$

⑫ $\dfrac{20}{27} \div \dfrac{5}{27}$

⑬ $\dfrac{21}{32} \div \dfrac{7}{32}$

⑭ $\dfrac{25}{33} \div \dfrac{5}{33}$

⑮ $\dfrac{30}{37} \div \dfrac{6}{37}$

⑯ $\dfrac{33}{42} \div \dfrac{3}{42}$

⑰ $\dfrac{24}{43} \div \dfrac{12}{43}$

⑱ $\dfrac{30}{47} \div \dfrac{15}{47}$

⑲ $\dfrac{44}{49} \div \dfrac{11}{49}$

⑳ $\dfrac{28}{53} \div \dfrac{14}{53}$

㉑ $\dfrac{48}{57} \div \dfrac{12}{57}$

㉒ $\dfrac{60}{61} \div \dfrac{12}{61}$

㉓ $\dfrac{70}{73} \div \dfrac{10}{73}$

㉔ $\dfrac{98}{99} \div \dfrac{14}{99}$

🐡 **계산해 보세요.**

연산 Key

$$\frac{3}{7} \div \frac{4}{7}$$
$$= 3 \div 4$$
$$= \frac{3}{4}$$

분모가 같은 분수의 나눗셈은 분자끼리의 나눗셈 3÷4의 몫을 분수로 나타내요.

① $\dfrac{2}{4} \div \dfrac{3}{4}$

② $\dfrac{2}{5} \div \dfrac{3}{5}$

③ $\dfrac{3}{7} \div \dfrac{4}{7}$

④ $\dfrac{5}{8} \div \dfrac{7}{8}$

⑤ $\dfrac{4}{9} \div \dfrac{5}{9}$

⑥ $\dfrac{3}{10} \div \dfrac{7}{10}$

⑦ $\dfrac{7}{11} \div \dfrac{10}{11}$

⑧ $\dfrac{9}{11} \div \dfrac{10}{11}$

⑨ $\dfrac{5}{13} \div \dfrac{6}{13}$

⑩ $\dfrac{2}{15} \div \dfrac{7}{15}$

⑪ $\dfrac{8}{17} \div \dfrac{9}{17}$

⑫ $\dfrac{6}{25} \div \dfrac{7}{25}$

⑬ $\dfrac{7}{30} \div \dfrac{8}{30}$

⑭ $\dfrac{4}{12} \div \dfrac{11}{12}$

⑮ $\dfrac{7}{13} \div \dfrac{12}{13}$

⑯ $\dfrac{5}{17} \div \dfrac{12}{17}$

⑰ $\dfrac{13}{21} \div \dfrac{17}{21}$

⑱ $\dfrac{8}{23} \div \dfrac{19}{23}$

⑲ $\dfrac{11}{25} \div \dfrac{13}{25}$

⑳ $\dfrac{12}{37} \div \dfrac{17}{37}$

㉑ $\dfrac{13}{42} \div \dfrac{23}{42}$

2 DAY 분모가 같고 분자끼리 나누어떨어지지 않는 (진분수)÷(진분수)

 계산해 보세요.

❶ $\dfrac{3}{5} \div \dfrac{2}{5}$

❷ $\dfrac{4}{5} \div \dfrac{3}{5}$

❸ $\dfrac{3}{5} \div \dfrac{2}{5}$

❹ $\dfrac{6}{7} \div \dfrac{5}{7}$

❺ $\dfrac{5}{7} \div \dfrac{3}{7}$

❻ $\dfrac{7}{8} \div \dfrac{2}{8}$

❼ $\dfrac{5}{8} \div \dfrac{3}{8}$

❽ $\dfrac{8}{9} \div \dfrac{3}{9}$

❾ $\dfrac{7}{10} \div \dfrac{2}{10}$

❿ $\dfrac{10}{11} \div \dfrac{3}{11}$

⓫ $\dfrac{9}{13} \div \dfrac{7}{13}$

⓬ $\dfrac{11}{14} \div \dfrac{9}{14}$

⓭ $\dfrac{15}{19} \div \dfrac{4}{19}$

⓮ $\dfrac{19}{21} \div \dfrac{8}{21}$

⓯ $\dfrac{23}{35} \div \dfrac{8}{35}$

⓰ $\dfrac{27}{41} \div \dfrac{5}{41}$

⓱ $\dfrac{11}{15} \div \dfrac{13}{15}$

⓲ $\dfrac{10}{13} \div \dfrac{11}{13}$

⓳ $\dfrac{13}{20} \div \dfrac{17}{20}$

⓴ $\dfrac{16}{23} \div \dfrac{21}{23}$

㉑ $\dfrac{17}{30} \div \dfrac{27}{30}$

㉒ $\dfrac{16}{35} \div \dfrac{33}{35}$

㉓ $\dfrac{17}{45} \div \dfrac{38}{45}$

㉔ $\dfrac{13}{53} \div \dfrac{28}{53}$

🐡 계산해 보세요.

연산 Key

$$\frac{2}{3} \div \frac{1}{6} = \frac{4}{6} \div \frac{1}{6}$$
$$= 4 \div 1$$
$$= 4$$

$\frac{2}{3}$와 $\frac{1}{6}$을 통분한 후 분자끼리의 나눗셈 $4 \div 1$의 몫을 구해요.

❶ $\frac{1}{2} \div \frac{1}{4}$

❷ $\frac{1}{3} \div \frac{1}{6}$

❸ $\frac{1}{3} \div \frac{1}{9}$

❹ $\frac{1}{4} \div \frac{1}{16}$

❺ $\frac{1}{6} \div \frac{1}{12}$

❻ $\frac{3}{5} \div \frac{3}{10}$

❼ $\frac{5}{6} \div \frac{5}{12}$

❽ $\frac{4}{7} \div \frac{4}{21}$

❾ $\frac{5}{8} \div \frac{5}{32}$

❿ $\frac{8}{9} \div \frac{8}{27}$

⓫ $\frac{5}{9} \div \frac{5}{18}$

⓬ $\frac{7}{10} \div \frac{7}{30}$

⓭ $\frac{9}{10} \div \frac{9}{20}$

⓮ $\frac{8}{11} \div \frac{8}{33}$

⓯ $\frac{9}{11} \div \frac{9}{44}$

⓰ $\frac{5}{12} \div \frac{5}{36}$

⓱ $\frac{7}{15} \div \frac{7}{30}$

⓲ $\frac{9}{16} \div \frac{9}{32}$

⓳ $\frac{11}{16} \div \frac{11}{80}$

⓴ $\frac{9}{17} \div \frac{9}{34}$

㉑ $\frac{13}{20} \div \frac{13}{40}$

🐡 계산해 보세요.

❶ $\dfrac{2}{3} \div \dfrac{1}{9}$

❷ $\dfrac{3}{4} \div \dfrac{1}{12}$

❸ $\dfrac{2}{5} \div \dfrac{1}{10}$

❹ $\dfrac{4}{5} \div \dfrac{1}{15}$

❺ $\dfrac{5}{6} \div \dfrac{1}{12}$

❻ $\dfrac{6}{7} \div \dfrac{1}{14}$

❼ $\dfrac{3}{8} \div \dfrac{1}{16}$

❽ $\dfrac{7}{9} \div \dfrac{1}{18}$

❾ $\dfrac{4}{5} \div \dfrac{2}{15}$

❿ $\dfrac{4}{7} \div \dfrac{2}{21}$

⓫ $\dfrac{6}{7} \div \dfrac{3}{14}$

⓬ $\dfrac{8}{9} \div \dfrac{4}{45}$

⓭ $\dfrac{9}{10} \div \dfrac{3}{40}$

⓮ $\dfrac{8}{11} \div \dfrac{4}{33}$

⓯ $\dfrac{10}{11} \div \dfrac{5}{22}$

⓰ $\dfrac{9}{13} \div \dfrac{3}{26}$

⓱ $\dfrac{10}{13} \div \dfrac{2}{39}$

⓲ $\dfrac{8}{15} \div \dfrac{4}{45}$

⓳ $\dfrac{14}{17} \div \dfrac{7}{51}$

⓴ $\dfrac{15}{19} \div \dfrac{5}{57}$

㉑ $\dfrac{9}{20} \div \dfrac{3}{40}$

㉒ $\dfrac{16}{25} \div \dfrac{4}{75}$

㉓ $\dfrac{20}{27} \div \dfrac{5}{54}$

㉔ $\dfrac{21}{40} \div \dfrac{3}{80}$

🐡 계산한 후 기약분수로 나타내어 보세요.

연산 Key

$$\frac{7}{15} \div \frac{3}{5} = \frac{7}{15} \div \frac{9}{15}$$
$$= 7 \div 9$$
$$= \frac{7}{9}$$

$\frac{7}{15}$과 $\frac{3}{5}$을 통분한 후 분자끼리의 나눗셈 7÷9의 몫을 분수로 나타내요.

⑥ $\dfrac{2}{3} \div \dfrac{3}{4}$

⑦ $\dfrac{3}{4} \div \dfrac{2}{5}$

⑧ $\dfrac{2}{5} \div \dfrac{3}{7}$

⑭ $\dfrac{3}{10} \div \dfrac{2}{3}$

⑮ $\dfrac{9}{10} \div \dfrac{2}{5}$

⑯ $\dfrac{5}{12} \div \dfrac{2}{7}$

① $\dfrac{2}{3} \div \dfrac{1}{5}$

② $\dfrac{3}{4} \div \dfrac{1}{2}$

③ $\dfrac{2}{5} \div \dfrac{1}{3}$

④ $\dfrac{3}{7} \div \dfrac{1}{3}$

⑤ $\dfrac{8}{9} \div \dfrac{1}{4}$

⑨ $\dfrac{1}{6} \div \dfrac{3}{8}$

⑩ $\dfrac{5}{7} \div \dfrac{3}{5}$

⑪ $\dfrac{3}{8} \div \dfrac{5}{9}$

⑫ $\dfrac{2}{9} \div \dfrac{4}{5}$

⑬ $\dfrac{7}{9} \div \dfrac{7}{8}$

⑰ $\dfrac{11}{13} \div \dfrac{6}{7}$

⑱ $\dfrac{9}{16} \div \dfrac{3}{4}$

⑲ $\dfrac{17}{20} \div \dfrac{7}{8}$

⑳ $\dfrac{5}{24} \div \dfrac{7}{8}$

㉑ $\dfrac{18}{35} \div \dfrac{4}{7}$

🐡 계산한 후 기약분수로 나타내어 보세요.

❶ $\dfrac{2}{3} \div \dfrac{3}{10}$

❷ $\dfrac{1}{4} \div \dfrac{3}{11}$

❸ $\dfrac{3}{5} \div \dfrac{6}{11}$

❹ $\dfrac{4}{5} \div \dfrac{8}{13}$

❺ $\dfrac{5}{6} \div \dfrac{7}{12}$

❻ $\dfrac{5}{7} \div \dfrac{3}{14}$

❼ $\dfrac{5}{8} \div \dfrac{4}{15}$

❽ $\dfrac{8}{9} \div \dfrac{5}{27}$

❾ $\dfrac{7}{10} \div \dfrac{11}{12}$

❿ $\dfrac{8}{11} \div \dfrac{15}{44}$

⓫ $\dfrac{9}{11} \div \dfrac{3}{10}$

⓬ $\dfrac{7}{12} \div \dfrac{14}{15}$

⓭ $\dfrac{3}{14} \div \dfrac{7}{24}$

⓮ $\dfrac{8}{15} \div \dfrac{5}{12}$

⓯ $\dfrac{9}{20} \div \dfrac{5}{14}$

⓰ $\dfrac{21}{25} \div \dfrac{9}{10}$

⓱ $\dfrac{13}{24} \div \dfrac{11}{16}$

⓲ $\dfrac{8}{25} \div \dfrac{3}{10}$

⓳ $\dfrac{12}{25} \div \dfrac{8}{15}$

⓴ $\dfrac{13}{30} \div \dfrac{7}{10}$

㉑ $\dfrac{24}{35} \div \dfrac{9}{14}$

㉒ $\dfrac{17}{40} \div \dfrac{7}{10}$

㉓ $\dfrac{32}{45} \div \dfrac{14}{25}$

㉔ $\dfrac{49}{50} \div \dfrac{7}{15}$

🐡 계산한 후 기약분수로 나타내어 보세요.

연산 Key

$$\frac{4}{6} \div \frac{2}{6} = 4 \div 2 = 2$$

$$\frac{6}{7} \div \frac{3}{8} = \frac{48}{56} \div \frac{21}{56}$$

$$= 48 \div 21 = \frac{\overset{16}{\cancel{48}}}{\underset{7}{\cancel{21}}} = \frac{16}{7}$$

$$= 2\frac{2}{7}$$

❶ $\dfrac{8}{10} \div \dfrac{2}{10}$

❷ $\dfrac{9}{12} \div \dfrac{3}{12}$

❸ $\dfrac{10}{12} \div \dfrac{5}{12}$

❹ $\dfrac{12}{15} \div \dfrac{6}{15}$

❺ $\dfrac{9}{16} \div \dfrac{3}{16}$

❻ $\dfrac{15}{18} \div \dfrac{3}{18}$

❼ $\dfrac{15}{20} \div \dfrac{5}{20}$

❽ $\dfrac{20}{21} \div \dfrac{5}{21}$

❾ $\dfrac{12}{24} \div \dfrac{8}{24}$

❿ $\dfrac{16}{24} \div \dfrac{4}{24}$

⓫ $\dfrac{18}{24} \div \dfrac{4}{24}$

⓬ $\dfrac{20}{25} \div \dfrac{4}{25}$

⓭ $\dfrac{24}{30} \div \dfrac{3}{30}$

⓮ $\dfrac{25}{35} \div \dfrac{20}{35}$

⓯ $\dfrac{10}{35} \div \dfrac{20}{35}$

⓰ $\dfrac{30}{35} \div \dfrac{5}{35}$

⓱ $\dfrac{35}{40} \div \dfrac{5}{40}$

⓲ $\dfrac{6}{42} \div \dfrac{10}{42}$

⓳ $\dfrac{42}{45} \div \dfrac{35}{45}$

⓴ $\dfrac{36}{48} \div \dfrac{15}{48}$

㉑ $\dfrac{45}{50} \div \dfrac{36}{50}$

계산한 후 기약분수로 나타내어 보세요.

❶ $\dfrac{4}{5} \div \dfrac{4}{6}$

❷ $\dfrac{4}{6} \div \dfrac{1}{5}$

❸ $\dfrac{4}{6} \div \dfrac{2}{8}$

❹ $\dfrac{6}{8} \div \dfrac{4}{12}$

❺ $\dfrac{8}{9} \div \dfrac{10}{18}$

❻ $\dfrac{6}{9} \div \dfrac{2}{24}$

❼ $\dfrac{8}{10} \div \dfrac{6}{12}$

❽ $\dfrac{4}{10} \div \dfrac{6}{12}$

❾ $\dfrac{8}{12} \div \dfrac{6}{10}$

❿ $\dfrac{10}{12} \div \dfrac{4}{15}$

⓫ $\dfrac{12}{14} \div \dfrac{6}{21}$

⓬ $\dfrac{14}{15} \div \dfrac{8}{12}$

⓭ $\dfrac{12}{20} \div \dfrac{9}{15}$

⓮ $\dfrac{15}{20} \div \dfrac{30}{42}$

⓯ $\dfrac{22}{24} \div \dfrac{30}{32}$

⓰ $\dfrac{24}{25} \div \dfrac{12}{15}$

⓱ $\dfrac{14}{30} \div \dfrac{12}{14}$

⓲ $\dfrac{18}{30} \div \dfrac{9}{45}$

⓳ $\dfrac{18}{35} \div \dfrac{9}{70}$

⓴ $\dfrac{21}{35} \div \dfrac{14}{30}$

㉑ $\dfrac{36}{40} \div \dfrac{18}{35}$

㉒ $\dfrac{36}{42} \div \dfrac{6}{14}$

㉓ $\dfrac{34}{50} \div \dfrac{26}{40}$

㉔ $\dfrac{48}{60} \div \dfrac{8}{55}$

2

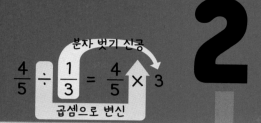

(진분수)÷(진분수) (2)

학습목표 ▸ 1. (진분수)÷(단위분수)의 계산 익히기
2. (진분수)÷(진분수)의 계산 익히기

원리 깨치기

❶ (진분수)÷(단위분수)
❷ (진분수)÷(진분수)

월   일

이해!   한번 더!

(진분수)÷(단위분수)를 어떻게 계산할 수 있을까? 또 (진분수)÷(진분수)는 어떻게 계산할 수 있을까?
분자끼리 나누는 방법 이외에 다른 방법도 있을까?
자! 그럼, (진분수)÷(진분수)를 공부해 보자.

연산력 키우기

❶ DAY		맞은 개수	
월	일		전체 문항 21
분	초		24
❷ DAY		맞은 개수	
월	일		전체 문항 21
분	초		24
❸ DAY		맞은 개수	
월	일		전체 문항 21
분	초		24
❹ DAY		맞은 개수	
월	일		전체 문항 21
분	초		24
❺ DAY		맞은 개수	
월	일		전체 문항 21
분	초		24

❶ **(진분수) ÷ (단위분수)**

$\left[\dfrac{4}{5} \div \dfrac{1}{3} \text{의 계산} \right]$

연산 Key

$$\dfrac{4}{5} \div \dfrac{1}{3} = \dfrac{4}{5} \times 3 = \dfrac{12}{5} = 2\dfrac{2}{5}$$

$$\dfrac{\triangle}{\blacksquare} \div \dfrac{1}{\bullet}$$

$$= \dfrac{\triangle}{\blacksquare} \times \bullet$$

(진분수) ÷ (단위분수)는 진분수에 단위분수의 분모를 곱해 줍니다.

❷ **(진분수) ÷ (진분수)**

$\left[\dfrac{3}{4} \div \dfrac{2}{5} \text{의 계산} \right]$

연산 Key

$$\dfrac{3}{4} \div \dfrac{2}{5} = \dfrac{3}{4} \times \dfrac{5}{2} = \dfrac{15}{8} = 1\dfrac{7}{8}$$

$$\dfrac{\triangle}{\blacksquare} \div \dfrac{\bullet}{\bigstar}$$

$$= \dfrac{\triangle}{\blacksquare} \times \dfrac{\bigstar}{\bullet}$$

(진분수) ÷ (진분수)는 나눗셈을 곱셈으로 바꾸고 나누는 분수의 분모와 분자를 바꿉니다.

(진분수) ÷ (진분수)를 분수의 곱셈으로 바꾸어 계산하기

곱셈으로 바꾸기

$$\dfrac{5}{7} \div \dfrac{3}{4} = \dfrac{5}{7} \times \dfrac{4}{3} = \dfrac{20}{21}$$

분모와 분자 바꾸기

🐡 계산한 후 기약분수로 나타내어 보세요.

연산 Key

$$\frac{6}{7} \div \frac{1}{5} = \frac{6}{7} \times 5$$
$$= \frac{30}{7}$$
$$= 4\frac{2}{7}$$

$\frac{6}{7}$에 단위분수의 분모인 5를 곱해요.

⑥ $\dfrac{3}{4} \div \dfrac{1}{7}$

⑦ $\dfrac{1}{5} \div \dfrac{1}{2}$

⑧ $\dfrac{2}{5} \div \dfrac{1}{6}$

⑭ $\dfrac{2}{7} \div \dfrac{1}{8}$

⑮ $\dfrac{2}{7} \div \dfrac{1}{9}$

⑯ $\dfrac{5}{7} \div \dfrac{1}{4}$

❶ $\dfrac{1}{2} \div \dfrac{1}{3}$

❷ $\dfrac{1}{3} \div \dfrac{1}{2}$

❸ $\dfrac{2}{3} \div \dfrac{1}{4}$

❹ $\dfrac{1}{4} \div \dfrac{1}{5}$

❺ $\dfrac{3}{4} \div \dfrac{1}{6}$

⑨ $\dfrac{3}{5} \div \dfrac{1}{7}$

⑩ $\dfrac{4}{5} \div \dfrac{1}{3}$

⑪ $\dfrac{4}{5} \div \dfrac{1}{6}$

⑫ $\dfrac{1}{6} \div \dfrac{1}{7}$

⑬ $\dfrac{5}{6} \div \dfrac{1}{8}$

⑰ $\dfrac{5}{8} \div \dfrac{1}{7}$

⑱ $\dfrac{7}{8} \div \dfrac{1}{4}$

⑲ $\dfrac{2}{9} \div \dfrac{1}{7}$

⑳ $\dfrac{5}{9} \div \dfrac{1}{6}$

㉑ $\dfrac{7}{9} \div \dfrac{1}{8}$

계산한 후 기약분수로 나타내어 보세요.

① $\dfrac{7}{10} \div \dfrac{1}{11}$

② $\dfrac{7}{12} \div \dfrac{1}{6}$

③ $\dfrac{11}{13} \div \dfrac{1}{5}$

④ $\dfrac{7}{15} \div \dfrac{1}{11}$

⑤ $\dfrac{13}{15} \div \dfrac{1}{12}$

⑥ $\dfrac{5}{16} \div \dfrac{1}{10}$

⑦ $\dfrac{13}{18} \div \dfrac{1}{15}$

⑧ $\dfrac{11}{18} \div \dfrac{1}{15}$

⑨ $\dfrac{17}{20} \div \dfrac{1}{5}$

⑩ $\dfrac{16}{21} \div \dfrac{1}{14}$

⑪ $\dfrac{15}{22} \div \dfrac{1}{10}$

⑫ $\dfrac{7}{24} \div \dfrac{1}{14}$

⑬ $\dfrac{2}{25} \div \dfrac{1}{15}$

⑭ $\dfrac{16}{27} \div \dfrac{1}{9}$

⑮ $\dfrac{21}{28} \div \dfrac{1}{12}$

⑯ $\dfrac{7}{30} \div \dfrac{1}{16}$

⑰ $\dfrac{15}{32} \div \dfrac{1}{24}$

⑱ $\dfrac{28}{35} \div \dfrac{1}{14}$

⑲ $\dfrac{13}{36} \div \dfrac{1}{24}$

⑳ $\dfrac{23}{42} \div \dfrac{1}{28}$

㉑ $\dfrac{14}{45} \div \dfrac{1}{20}$

㉒ $\dfrac{21}{48} \div \dfrac{1}{16}$

㉓ $\dfrac{21}{50} \div \dfrac{1}{15}$

㉔ $\dfrac{45}{52} \div \dfrac{1}{13}$

🐡 계산한 후 기약분수로 나타내어 보세요.

연산 Key

$$\frac{2}{5} \div \frac{4}{5} = \frac{2}{5} \times \frac{5}{4}$$

$$= \frac{\cancel{10}^{1}}{\cancel{20}_{2}}$$

$$= \frac{1}{2}$$

분수의 곱셈으로 바꾸어 계산할 때는 $\frac{4}{5}$의 분모와 분자를 바꾸어 $\frac{5}{4}$를 곱해요.

❶ $\frac{1}{3} \div \frac{2}{3}$

❷ $\frac{3}{4} \div \frac{2}{4}$

❸ $\frac{2}{5} \div \frac{3}{5}$

❹ $\frac{4}{5} \div \frac{2}{5}$

❺ $\frac{5}{6} \div \frac{3}{6}$

❻ $\frac{2}{7} \div \frac{3}{7}$

❼ $\frac{4}{7} \div \frac{3}{7}$

❽ $\frac{5}{7} \div \frac{6}{7}$

❾ $\frac{6}{7} \div \frac{5}{7}$

❿ $\frac{3}{8} \div \frac{5}{8}$

⓫ $\frac{5}{8} \div \frac{3}{8}$

⓬ $\frac{5}{8} \div \frac{7}{8}$

⓭ $\frac{7}{8} \div \frac{5}{8}$

⓮ $\frac{4}{9} \div \frac{8}{9}$

⓯ $\frac{7}{9} \div \frac{5}{9}$

⓰ $\frac{8}{9} \div \frac{4}{9}$

⓱ $\frac{1}{10} \div \frac{3}{10}$

⓲ $\frac{1}{10} \div \frac{9}{10}$

⓳ $\frac{3}{10} \div \frac{7}{10}$

⓴ $\frac{7}{10} \div \frac{9}{10}$

㉑ $\frac{9}{10} \div \frac{8}{10}$

2 DAY

분모가 같은 (진분수)÷(진분수)

 계산한 후 기약분수로 나타내어 보세요.

❶ $\dfrac{7}{11} \div \dfrac{8}{11}$

❷ $\dfrac{8}{11} \div \dfrac{9}{11}$

❸ $\dfrac{10}{11} \div \dfrac{7}{11}$

❹ $\dfrac{12}{17} \div \dfrac{10}{17}$

❺ $\dfrac{11}{18} \div \dfrac{13}{18}$

❻ $\dfrac{15}{19} \div \dfrac{9}{19}$

❼ $\dfrac{9}{20} \div \dfrac{19}{20}$

❽ $\dfrac{11}{20} \div \dfrac{17}{20}$

❾ $\dfrac{8}{21} \div \dfrac{2}{21}$

❿ $\dfrac{10}{23} \div \dfrac{3}{23}$

⓫ $\dfrac{19}{24} \div \dfrac{23}{24}$

⓬ $\dfrac{11}{25} \div \dfrac{12}{25}$

⓭ $\dfrac{15}{29} \div \dfrac{16}{29}$

⓮ $\dfrac{19}{30} \div \dfrac{7}{30}$

⓯ $\dfrac{23}{35} \div \dfrac{24}{35}$

⓰ $\dfrac{27}{40} \div \dfrac{9}{40}$

⓱ $\dfrac{11}{42} \div \dfrac{17}{42}$

⓲ $\dfrac{12}{43} \div \dfrac{11}{43}$

⓳ $\dfrac{19}{45} \div \dfrac{14}{45}$

⓴ $\dfrac{21}{50} \div \dfrac{31}{50}$

㉑ $\dfrac{27}{50} \div \dfrac{14}{50}$

㉒ $\dfrac{32}{53} \div \dfrac{16}{53}$

㉓ $\dfrac{38}{55} \div \dfrac{18}{55}$

㉔ $\dfrac{29}{60} \div \dfrac{43}{60}$

분모가 다른 (진분수)÷(진분수)(1)

🐡 계산한 후 기약분수로 나타내어 보세요.

연산 Key

$$\frac{2}{3} \div \frac{3}{4}$$
$$= \frac{2}{3} \times \frac{4}{3}$$
$$= \frac{8}{9}$$

$\frac{3}{4}$의 분모와 분자를 바꾼 $\frac{4}{3}$를 곱해요.

❶ $\dfrac{2}{3} \div \dfrac{1}{2}$

❷ $\dfrac{3}{4} \div \dfrac{1}{3}$

❸ $\dfrac{2}{5} \div \dfrac{1}{4}$

❹ $\dfrac{3}{5} \div \dfrac{1}{8}$

❺ $\dfrac{5}{6} \div \dfrac{1}{3}$

❻ $\dfrac{2}{7} \div \dfrac{3}{4}$

❼ $\dfrac{3}{7} \div \dfrac{3}{5}$

❽ $\dfrac{3}{7} \div \dfrac{5}{6}$

❾ $\dfrac{5}{7} \div \dfrac{4}{5}$

❿ $\dfrac{5}{7} \div \dfrac{3}{8}$

⓫ $\dfrac{5}{7} \div \dfrac{4}{9}$

⓬ $\dfrac{3}{8} \div \dfrac{2}{5}$

⓭ $\dfrac{3}{8} \div \dfrac{2}{9}$

⓮ $\dfrac{5}{8} \div \dfrac{2}{3}$

⓯ $\dfrac{7}{8} \div \dfrac{2}{7}$

⓰ $\dfrac{5}{9} \div \dfrac{5}{7}$

⓱ $\dfrac{7}{9} \div \dfrac{5}{7}$

⓲ $\dfrac{3}{10} \div \dfrac{3}{4}$

⓳ $\dfrac{3}{10} \div \dfrac{5}{8}$

⓴ $\dfrac{7}{10} \div \dfrac{4}{9}$

㉑ $\dfrac{9}{10} \div \dfrac{3}{8}$

🐡 계산한 후 기약분수로 나타내어 보세요.

❶ $\dfrac{2}{3} \div \dfrac{3}{11}$

❷ $\dfrac{3}{4} \div \dfrac{6}{11}$

❸ $\dfrac{3}{5} \div \dfrac{7}{12}$

❹ $\dfrac{4}{5} \div \dfrac{8}{11}$

❺ $\dfrac{5}{6} \div \dfrac{5}{12}$

❻ $\dfrac{3}{7} \div \dfrac{5}{14}$

❼ $\dfrac{5}{7} \div \dfrac{3}{16}$

❽ $\dfrac{6}{7} \div \dfrac{5}{12}$

❾ $\dfrac{6}{7} \div \dfrac{12}{13}$

❿ $\dfrac{3}{8} \div \dfrac{15}{16}$

⓫ $\dfrac{3}{8} \div \dfrac{9}{22}$

⓬ $\dfrac{5}{8} \div \dfrac{10}{17}$

⓭ $\dfrac{7}{8} \div \dfrac{7}{12}$

⓮ $\dfrac{7}{8} \div \dfrac{14}{23}$

⓯ $\dfrac{2}{9} \div \dfrac{5}{16}$

⓰ $\dfrac{2}{9} \div \dfrac{8}{27}$

⓱ $\dfrac{5}{9} \div \dfrac{11}{12}$

⓲ $\dfrac{5}{9} \div \dfrac{3}{19}$

⓳ $\dfrac{7}{9} \div \dfrac{7}{18}$

⓴ $\dfrac{8}{9} \div \dfrac{12}{13}$

㉑ $\dfrac{3}{10} \div \dfrac{3}{11}$

㉒ $\dfrac{3}{10} \div \dfrac{2}{13}$

㉓ $\dfrac{7}{10} \div \dfrac{3}{14}$

㉔ $\dfrac{9}{10} \div \dfrac{21}{22}$

분수의 나눗셈을 분수의 곱셈으로 바꾸어 계산해요.

🐡 계산한 후 기약분수로 나타내어 보세요.

연산 Key

$$\frac{7}{11} \div \frac{3}{8} = \frac{7}{11} \times \frac{8}{3}$$
$$= \frac{56}{33}$$
$$= 1\frac{23}{33}$$

$\frac{3}{8}$의 분모와 분자를 바꾼 $\frac{8}{3}$을 곱해요.

❻ $\frac{8}{13} \div \frac{8}{9}$

❼ $\frac{4}{15} \div \frac{9}{10}$

❽ $\frac{7}{15} \div \frac{7}{10}$

⑭ $\frac{7}{25} \div \frac{3}{13}$

⑮ $\frac{3}{26} \div \frac{6}{13}$

⑯ $\frac{5}{27} \div \frac{7}{18}$

❶ $\frac{4}{11} \div \frac{2}{3}$

❷ $\frac{5}{11} \div \frac{3}{5}$

❸ $\frac{6}{11} \div \frac{4}{9}$

❹ $\frac{5}{12} \div \frac{8}{11}$

❺ $\frac{7}{12} \div \frac{3}{7}$

❾ $\frac{2}{17} \div \frac{8}{9}$

❿ $\frac{5}{18} \div \frac{13}{15}$

⓫ $\frac{7}{18} \div \frac{3}{4}$

⓬ $\frac{8}{21} \div \frac{6}{11}$

⓭ $\frac{4}{25} \div \frac{8}{21}$

⑰ $\frac{9}{28} \div \frac{9}{10}$

⑱ $\frac{7}{30} \div \frac{3}{7}$

⑲ $\frac{3}{32} \div \frac{5}{8}$

⑳ $\frac{8}{33} \div \frac{4}{11}$

㉑ $\frac{9}{35} \div \frac{9}{28}$

🐡 계산한 후 기약분수로 나타내어 보세요.

❶ $\dfrac{3}{11} \div \dfrac{7}{10}$

❷ $\dfrac{11}{12} \div \dfrac{11}{15}$

❸ $\dfrac{13}{14} \div \dfrac{13}{21}$

❹ $\dfrac{14}{15} \div \dfrac{7}{10}$

❺ $\dfrac{15}{16} \div \dfrac{10}{11}$

❻ $\dfrac{15}{17} \div \dfrac{20}{21}$

❼ $\dfrac{16}{21} \div \dfrac{24}{35}$

❽ $\dfrac{13}{24} \div \dfrac{13}{32}$

❾ $\dfrac{12}{25} \div \dfrac{16}{35}$

❿ $\dfrac{24}{25} \div \dfrac{12}{35}$

⓫ $\dfrac{15}{26} \div \dfrac{12}{13}$

⓬ $\dfrac{16}{27} \div \dfrac{8}{9}$

⓭ $\dfrac{15}{28} \div \dfrac{10}{13}$

⓮ $\dfrac{11}{30} \div \dfrac{11}{12}$

⓯ $\dfrac{27}{32} \div \dfrac{18}{19}$

⓰ $\dfrac{10}{33} \div \dfrac{15}{16}$

⓱ $\dfrac{19}{34} \div \dfrac{19}{22}$

⓲ $\dfrac{24}{35} \div \dfrac{16}{21}$

⓳ $\dfrac{17}{36} \div \dfrac{17}{18}$

⓴ $\dfrac{35}{38} \div \dfrac{21}{32}$

㉑ $\dfrac{21}{40} \div \dfrac{7}{20}$

㉒ $\dfrac{35}{44} \div \dfrac{14}{33}$

㉓ $\dfrac{22}{45} \div \dfrac{11}{50}$

㉔ $\dfrac{49}{50} \div \dfrac{21}{25}$

연산력
키우기

5
DAY

(진분수)÷(진분수)를 분수의 곱셈으로
계산하기

분수의 곱셈으로 바꾸어
계산하고 약분이 되면
약분을 해요.

🐡 계산한 후 기약분수로 나타내어 보세요.

연산 Key

$$\frac{4}{9} \div \frac{2}{9} = \frac{4}{9} \times \frac{9}{2} = \frac{36}{18} = 2$$

$$\frac{4}{12} \div \frac{5}{8} = \frac{4}{12} \times \frac{8}{5} = \frac{32}{60} = \frac{8}{15}$$

몫을 구한 후 약분이 되면 약분을 해요.

⑬ $\dfrac{13}{22} \div \dfrac{5}{22}$

⑭ $\dfrac{18}{27} \div \dfrac{4}{27}$

⑮ $\dfrac{12}{33} \div \dfrac{20}{33}$

❶ $\dfrac{9}{10} \div \dfrac{1}{10}$

❼ $\dfrac{10}{30} \div \dfrac{1}{30}$

⑯ $\dfrac{15}{36} \div \dfrac{20}{36}$

❷ $\dfrac{15}{18} \div \dfrac{1}{18}$

❽ $\dfrac{25}{30} \div \dfrac{1}{30}$

⑰ $\dfrac{5}{40} \div \dfrac{35}{40}$

❸ $\dfrac{16}{20} \div \dfrac{1}{20}$

❾ $\dfrac{18}{34} \div \dfrac{1}{34}$

⑱ $\dfrac{8}{42} \div \dfrac{12}{42}$

❹ $\dfrac{12}{25} \div \dfrac{1}{25}$

⑩ $\dfrac{27}{35} \div \dfrac{1}{35}$

⑲ $\dfrac{33}{45} \div \dfrac{42}{45}$

❺ $\dfrac{15}{25} \div \dfrac{1}{25}$

⑪ $\dfrac{16}{20} \div \dfrac{18}{20}$

⑳ $\dfrac{15}{50} \div \dfrac{40}{50}$

❻ $\dfrac{22}{28} \div \dfrac{1}{28}$

⑫ $\dfrac{15}{21} \div \dfrac{4}{21}$

㉑ $\dfrac{24}{52} \div \dfrac{32}{52}$

(진분수)÷(진분수)를 분수의 곱셈으로 계산하기

🐡 계산한 후 기약분수로 나타내어 보세요.

① $\dfrac{4}{6} \div \dfrac{1}{5}$

② $\dfrac{4}{5} \div \dfrac{4}{6}$

③ $\dfrac{4}{6} \div \dfrac{2}{8}$

④ $\dfrac{6}{8} \div \dfrac{4}{12}$

⑤ $\dfrac{6}{9} \div \dfrac{2}{24}$

⑥ $\dfrac{8}{9} \div \dfrac{10}{18}$

⑦ $\dfrac{4}{10} \div \dfrac{8}{15}$

⑧ $\dfrac{8}{10} \div \dfrac{6}{12}$

⑨ $\dfrac{8}{12} \div \dfrac{6}{10}$

⑩ $\dfrac{10}{12} \div \dfrac{4}{15}$

⑪ $\dfrac{12}{14} \div \dfrac{28}{30}$

⑫ $\dfrac{14}{15} \div \dfrac{8}{12}$

⑬ $\dfrac{12}{20} \div \dfrac{9}{15}$

⑭ $\dfrac{15}{20} \div \dfrac{30}{42}$

⑮ $\dfrac{22}{24} \div \dfrac{30}{32}$

⑯ $\dfrac{24}{25} \div \dfrac{12}{15}$

⑰ $\dfrac{14}{30} \div \dfrac{12}{14}$

⑱ $\dfrac{18}{30} \div \dfrac{9}{32}$

⑲ $\dfrac{18}{35} \div \dfrac{12}{15}$

⑳ $\dfrac{21}{35} \div \dfrac{14}{30}$

㉑ $\dfrac{36}{40} \div \dfrac{18}{35}$

㉒ $\dfrac{36}{42} \div \dfrac{24}{30}$

㉓ $\dfrac{34}{50} \div \dfrac{26}{40}$

㉔ $\dfrac{48}{60} \div \dfrac{8}{55}$

3

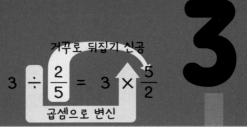

거꾸로 뒤집기 신공

$$3 \div \frac{2}{5} = 3 \times \frac{5}{2}$$

곱셈으로 변신

(분수)÷(분수) (1)

학습목표 1. (자연수)÷(분수)의 계산 익히기
2. (가분수)÷(분수)의 계산 익히기

원리 깨치기

❶ (자연수)÷(분수)
❷ (가분수)÷(분수)

월		일

이해!

한번 더 !

(자연수)÷(진분수)를 어떻게 계산할 수 있을까? 또 (가분수)÷(진분수)는 어떻게 계산할 수 있을까?
진분수끼리의 나눗셈과 같은 방법으로 하면 될까?
자! 그럼, (가분수)÷(분수)를 공부해 보자.

연산력 키우기

❶ DAY	맞은 개수	전체 문항
월 일		21
걸린 시간 분 초		24

❷ DAY	맞은 개수	전체 문항
월 일		21
걸린 시간 분 초		24

❸ DAY	맞은 개수	전체 문항
월 일		21
걸린 시간 분 초		24

❹ DAY	맞은 개수	전체 문항
월 일		21
걸린 시간 분 초		24

❺ DAY	맞은 개수	전체 문항
월 일		21
걸린 시간 분 초		24

❶ **(자연수) ÷ (분수)**

$\left[4 \div \dfrac{2}{3}$의 계산$\right]$ — 분자의 나눗셈으로 계산하기

$$4 \div \dfrac{2}{3} = (4 \div 2) \times 3 = 2 \times 3 = 6$$

분모를 곱합니다.

(자연수) ÷ (진분수)는 자연수를 나누는 분수의 분자로 나눈 후 나누는 분수의 분모를 곱해 줍니다.

$\left[5 \div \dfrac{2}{3}$의 계산$\right]$ — 분수의 곱셈으로 계산하기

$$5 \div \dfrac{2}{3} = 5 \times \dfrac{3}{2} = \dfrac{15}{2} = 7\dfrac{1}{2}$$

(자연수) ÷ (분수)는 나눗셈을 곱셈으로 바꾸고 나누는 분수의 분모와 분자를 바꾸어 계산합니다.

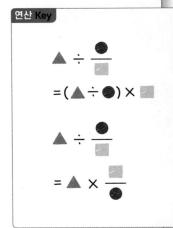

연산 Key

$$\blacktriangle \div \dfrac{\bullet}{\blacksquare}$$
$$= (\blacktriangle \div \bullet) \times \blacksquare$$
$$\blacktriangle \div \dfrac{\bullet}{\blacksquare}$$
$$= \blacktriangle \times \dfrac{\blacksquare}{\bullet}$$

❷ **(가분수) ÷ (분수)**

$\left[\dfrac{5}{4} \div \dfrac{3}{5}$의 계산$\right]$ — 통분하여 계산하기

$$\dfrac{5}{4} \div \dfrac{3}{5} = \dfrac{25}{20} \div \dfrac{12}{20} = 25 \div 12 = \dfrac{25}{12} = 2\dfrac{1}{12}$$

$\left[\dfrac{5}{4} \div \dfrac{3}{5}$의 계산$\right]$ — 분수의 곱셈으로 계산하기

$$\dfrac{5}{4} \div \dfrac{3}{5} = \dfrac{5}{4} \times \dfrac{5}{3} = \dfrac{25}{12} = 2\dfrac{1}{12}$$

(가분수) ÷ (분수)는 나눗셈을 곱셈으로 바꾸고 나누는 분수의 분모와 분자를 바꾸어 계산합니다.

연산 Key

$$\dfrac{\blacktriangle}{\blacksquare} \div \dfrac{\bullet}{\bigstar}$$
$$= \dfrac{\blacktriangle}{\blacksquare} \times \dfrac{\bigstar}{\bullet}$$

(단, ▲ > ■)

(가분수) ÷ (분수)를 분수의 곱셈으로 바꾸어 계산하기

곱셈으로 바꾸기

$$\dfrac{8}{5} \div \dfrac{3}{4} = \dfrac{8}{5} \times \dfrac{4}{3} = \dfrac{32}{15} = 2\dfrac{2}{15}$$

분모와 분자 바꾸기

계산해 보세요.

연산 Key

$$6 \div \frac{2}{5} = (6 \div 2) \times 5$$
$$= 3 \times 5$$
$$= 15$$

6÷2의 몫에 분모 5를 곱해요.

⑥ $3 \div \frac{3}{4}$

⑦ $4 \div \frac{2}{3}$

⑧ $6 \div \frac{3}{5}$

⑭ $12 \div \frac{4}{9}$

⑮ $15 \div \frac{5}{8}$

⑯ $18 \div \frac{3}{5}$

❶ $2 \div \frac{1}{4}$

❷ $3 \div \frac{1}{3}$

❸ $5 \div \frac{1}{2}$

❹ $8 \div \frac{1}{5}$

❺ $9 \div \frac{1}{6}$

⑨ $8 \div \frac{4}{7}$

⑩ $9 \div \frac{3}{7}$

⑪ $10 \div \frac{2}{3}$

⑫ $10 \div \frac{5}{6}$

⑬ $12 \div \frac{6}{7}$

⑰ $20 \div \frac{4}{5}$

⑱ $20 \div \frac{5}{7}$

⑲ $25 \div \frac{5}{9}$

⑳ $30 \div \frac{6}{9}$

㉑ $35 \div \frac{5}{8}$

🐡 계산해 보세요.

① $4 \div \dfrac{2}{11}$

② $5 \div \dfrac{5}{12}$

③ $6 \div \dfrac{6}{11}$

④ $6 \div \dfrac{2}{13}$

⑤ $7 \div \dfrac{7}{12}$

⑥ $8 \div \dfrac{4}{13}$

⑦ $8 \div \dfrac{2}{15}$

⑧ $9 \div \dfrac{9}{14}$

⑨ $10 \div \dfrac{2}{11}$

⑩ $10 \div \dfrac{5}{12}$

⑪ $12 \div \dfrac{6}{17}$

⑫ $15 \div \dfrac{5}{12}$

⑬ $15 \div \dfrac{3}{13}$

⑭ $16 \div \dfrac{8}{11}$

⑮ $18 \div \dfrac{6}{13}$

⑯ $20 \div \dfrac{10}{13}$

⑰ $20 \div \dfrac{10}{23}$

⑱ $25 \div \dfrac{5}{11}$

⑲ $28 \div \dfrac{14}{15}$

⑳ $30 \div \dfrac{5}{11}$

㉑ $30 \div \dfrac{6}{17}$

㉒ $35 \div \dfrac{7}{16}$

㉓ $40 \div \dfrac{8}{11}$

㉔ $48 \div \dfrac{24}{25}$

😊 계산한 후 기약분수로 나타내어 보세요.

연산 Key

분자와 분모 바꾸기

$$3 \div \frac{4}{5} = 3 \times \frac{5}{4}$$

$$= \frac{15}{4} = 3\frac{3}{4}$$

나눗셈을 곱셈으로 바꾼 후 $\frac{4}{5}$의 분모와 분자를 바꾸어 계산해요.

⑥ $4 \div \frac{7}{10}$

⑦ $5 \div \frac{2}{3}$

⑧ $5 \div \frac{3}{7}$

❶ $2 \div \frac{3}{4}$

❷ $2 \div \frac{4}{7}$

❸ $3 \div \frac{7}{10}$

❹ $3 \div \frac{9}{11}$

❺ $4 \div \frac{7}{9}$

⑨ $5 \div \frac{10}{11}$

⑩ $6 \div \frac{8}{11}$

⑪ $6 \div \frac{8}{13}$

⑫ $7 \div \frac{11}{13}$

⑬ $7 \div \frac{14}{15}$

⑭ $8 \div \frac{5}{8}$

⑮ $8 \div \frac{7}{12}$

⑯ $8 \div \frac{16}{17}$

⑰ $8 \div \frac{12}{19}$

⑱ $8 \div \frac{6}{23}$

⑲ $9 \div \frac{2}{5}$

⑳ $9 \div \frac{12}{13}$

㉑ $9 \div \frac{27}{29}$

🐡 계산한 후 기약분수로 나타내어 보세요.

① $10 \div \dfrac{3}{7}$

② $10 \div \dfrac{7}{9}$

③ $12 \div \dfrac{8}{9}$

④ $12 \div \dfrac{8}{11}$

⑤ $12 \div \dfrac{10}{11}$

⑥ $12 \div \dfrac{8}{13}$

⑦ $12 \div \dfrac{9}{16}$

⑧ $14 \div \dfrac{21}{23}$

⑨ $15 \div \dfrac{9}{10}$

⑩ $15 \div \dfrac{9}{13}$

⑪ $15 \div \dfrac{20}{23}$

⑫ $16 \div \dfrac{6}{7}$

⑬ $16 \div \dfrac{10}{11}$

⑭ $16 \div \dfrac{24}{31}$

⑮ $18 \div \dfrac{12}{17}$

⑯ $18 \div \dfrac{27}{29}$

⑰ $20 \div \dfrac{12}{13}$

⑱ $20 \div \dfrac{8}{15}$

⑲ $24 \div \dfrac{16}{19}$

⑳ $25 \div \dfrac{10}{17}$

㉑ $30 \div \dfrac{20}{23}$

㉒ $40 \div \dfrac{16}{19}$

㉓ $42 \div \dfrac{12}{13}$

㉔ $48 \div \dfrac{32}{33}$

🐡 계산한 후 기약분수로 나타내어 보세요.

연산 Key

$$\frac{7}{4} \div \frac{5}{6}$$

통분

$$= \frac{21}{12} \div \frac{10}{12}$$

분자끼리 나누기

$$= 21 \div 10$$

$$= \frac{21}{10} = 2\frac{1}{10}$$

12로 통분한 후 분자끼리의 나눗셈 21÷10의 몫을 분수로 나타내요.

⑥ $\dfrac{8}{5} \div \dfrac{2}{7}$

⑦ $\dfrac{11}{5} \div \dfrac{3}{4}$

⑧ $\dfrac{14}{5} \div \dfrac{5}{6}$

⑭ $\dfrac{23}{7} \div \dfrac{1}{2}$

⑮ $\dfrac{25}{7} \div \dfrac{5}{6}$

⑯ $\dfrac{33}{8} \div \dfrac{6}{7}$

❶ $\dfrac{3}{2} \div \dfrac{1}{4}$

❷ $\dfrac{4}{3} \div \dfrac{1}{6}$

❸ $\dfrac{7}{3} \div \dfrac{1}{2}$

❹ $\dfrac{7}{4} \div \dfrac{1}{7}$

❺ $\dfrac{9}{4} \div \dfrac{1}{6}$

⑨ $\dfrac{11}{6} \div \dfrac{3}{16}$

⑩ $\dfrac{17}{6} \div \dfrac{3}{10}$

⑪ $\dfrac{19}{6} \div \dfrac{3}{4}$

⑫ $\dfrac{19}{7} \div \dfrac{2}{3}$

⑬ $\dfrac{20}{7} \div \dfrac{2}{5}$

⑰ $\dfrac{14}{9} \div \dfrac{7}{8}$

⑱ $\dfrac{32}{9} \div \dfrac{8}{11}$

⑲ $\dfrac{35}{9} \div \dfrac{7}{10}$

⑳ $\dfrac{27}{10} \div \dfrac{6}{7}$

㉑ $\dfrac{37}{10} \div \dfrac{4}{5}$

🐡 계산한 후 기약분수로 나타내어 보세요.

❶ $\dfrac{20}{11} \div \dfrac{10}{13}$

❷ $\dfrac{32}{11} \div \dfrac{8}{13}$

❸ $\dfrac{35}{12} \div \dfrac{7}{9}$

❹ $\dfrac{32}{15} \div \dfrac{6}{25}$

❺ $\dfrac{33}{16} \div \dfrac{11}{15}$

❻ $\dfrac{45}{17} \div \dfrac{25}{34}$

❼ $\dfrac{27}{19} \div \dfrac{3}{10}$

❽ $\dfrac{31}{20} \div \dfrac{3}{4}$

❾ $\dfrac{25}{21} \div \dfrac{5}{12}$

❿ $\dfrac{45}{22} \div \dfrac{4}{11}$

⓫ $\dfrac{48}{23} \div \dfrac{8}{13}$

⓬ $\dfrac{25}{24} \div \dfrac{4}{9}$

⓭ $\dfrac{32}{25} \div \dfrac{12}{35}$

⓮ $\dfrac{31}{27} \div \dfrac{5}{18}$

⓯ $\dfrac{33}{28} \div \dfrac{3}{7}$

⓰ $\dfrac{41}{30} \div \dfrac{4}{5}$

⓱ $\dfrac{35}{32} \div \dfrac{14}{15}$

⓲ $\dfrac{49}{33} \div \dfrac{7}{12}$

⓳ $\dfrac{54}{35} \div \dfrac{9}{10}$

⓴ $\dfrac{63}{40} \div \dfrac{28}{45}$

㉑ $\dfrac{57}{44} \div \dfrac{9}{11}$

㉒ $\dfrac{58}{45} \div \dfrac{8}{15}$

㉓ $\dfrac{91}{50} \div \dfrac{13}{20}$

㉔ $\dfrac{81}{65} \div \dfrac{9}{40}$

(가분수)÷(진분수)를 분수의 곱셈으로 계산하기

나눗셈을 곱셈으로 바꾸어 계산해요.

🐡 계산한 후 기약분수로 나타내어 보세요.

연산 Key

분자와 분모 바꾸기

$$\frac{5}{3} \div \frac{3}{7} = \frac{5}{3} \times \frac{7}{3}$$

$$= \frac{35}{9}$$

$$= 3\frac{8}{9}$$

나눗셈을 곱셈으로 바꾼 후 $\frac{3}{7}$의 분모와 분자를 바꾸어 계산해요.

① $\dfrac{5}{2} \div \dfrac{1}{4}$

② $\dfrac{8}{3} \div \dfrac{1}{6}$

③ $\dfrac{5}{3} \div \dfrac{1}{9}$

④ $\dfrac{11}{4} \div \dfrac{1}{7}$

⑤ $\dfrac{15}{4} \div \dfrac{1}{6}$

⑥ $\dfrac{12}{5} \div \dfrac{2}{9}$

⑦ $\dfrac{13}{5} \div \dfrac{3}{10}$

⑧ $\dfrac{16}{5} \div \dfrac{14}{15}$

⑨ $\dfrac{17}{6} \div \dfrac{17}{20}$

⑩ $\dfrac{15}{6} \div \dfrac{10}{11}$

⑪ $\dfrac{25}{6} \div \dfrac{10}{13}$

⑫ $\dfrac{18}{7} \div \dfrac{15}{16}$

⑬ $\dfrac{24}{7} \div \dfrac{8}{21}$

⑭ $\dfrac{26}{7} \div \dfrac{2}{3}$

⑮ $\dfrac{33}{7} \div \dfrac{11}{14}$

⑯ $\dfrac{35}{8} \div \dfrac{5}{7}$

⑰ $\dfrac{25}{9} \div \dfrac{5}{8}$

⑱ $\dfrac{34}{9} \div \dfrac{2}{27}$

⑲ $\dfrac{40}{9} \div \dfrac{5}{6}$

⑳ $\dfrac{17}{10} \div \dfrac{4}{15}$

㉑ $\dfrac{33}{10} \div \dfrac{3}{5}$

(가분수)÷(진분수)를 분수의 곱셈으로 계산하기

 계산한 후 기약분수로 나타내어 보세요.

① $\dfrac{25}{11} \div \dfrac{10}{17}$

② $\dfrac{35}{12} \div \dfrac{7}{18}$

③ $\dfrac{45}{14} \div \dfrac{5}{8}$

④ $\dfrac{34}{15} \div \dfrac{6}{25}$

⑤ $\dfrac{51}{16} \div \dfrac{17}{18}$

⑥ $\dfrac{55}{18} \div \dfrac{10}{27}$

⑦ $\dfrac{21}{19} \div \dfrac{3}{11}$

⑧ $\dfrac{41}{20} \div \dfrac{3}{4}$

⑨ $\dfrac{32}{21} \div \dfrac{16}{23}$

⑩ $\dfrac{45}{22} \div \dfrac{10}{33}$

⑪ $\dfrac{28}{23} \div \dfrac{14}{19}$

⑫ $\dfrac{35}{24} \div \dfrac{15}{16}$

⑬ $\dfrac{44}{25} \div \dfrac{2}{5}$

⑭ $\dfrac{34}{27} \div \dfrac{2}{9}$

⑮ $\dfrac{39}{28} \div \dfrac{26}{27}$

⑯ $\dfrac{57}{31} \div \dfrac{19}{20}$

⑰ $\dfrac{35}{32} \div \dfrac{21}{26}$

⑱ $\dfrac{50}{33} \div \dfrac{5}{12}$

⑲ $\dfrac{64}{35} \div \dfrac{8}{21}$

⑳ $\dfrac{81}{40} \div \dfrac{9}{10}$

㉑ $\dfrac{55}{42} \div \dfrac{15}{28}$

㉒ $\dfrac{49}{45} \div \dfrac{21}{40}$

㉓ $\dfrac{81}{50} \div \dfrac{18}{25}$

㉔ $\dfrac{93}{55} \div \dfrac{31}{44}$

🐡 계산한 후 기약분수로 나타내어 보세요.

연산 Key

$$10 \div \frac{5}{7} = 10 \times \frac{7}{5} = \frac{70}{5} = 14$$

$$\frac{10}{4} \div \frac{5}{9} = \frac{10}{4} \times \frac{9}{5} = \frac{90}{20} = \frac{9}{2} = 4\frac{1}{2}$$

몫을 구한 후 약분이 되면 약분해요.

❶ $3 \div \dfrac{4}{6}$

❷ $3 \div \dfrac{5}{10}$

❸ $4 \div \dfrac{2}{4}$

❹ $4 \div \dfrac{8}{10}$

❺ $7 \div \dfrac{8}{12}$

❻ $8 \div \dfrac{6}{14}$

❼ $9 \div \dfrac{8}{12}$

❽ $10 \div \dfrac{5}{10}$

❾ $12 \div \dfrac{10}{12}$

❿ $15 \div \dfrac{14}{21}$

⓫ $15 \div \dfrac{20}{25}$

⓬ $18 \div \dfrac{12}{24}$

⓭ $20 \div \dfrac{24}{34}$

⓮ $24 \div \dfrac{10}{15}$

⓯ $25 \div \dfrac{15}{18}$

⓰ $28 \div \dfrac{14}{21}$

⓱ $30 \div \dfrac{15}{24}$

⓲ $35 \div \dfrac{30}{36}$

⓳ $40 \div \dfrac{32}{34}$

⓴ $44 \div \dfrac{32}{40}$

㉑ $57 \div \dfrac{36}{48}$

🐡 계산한 후 기약분수로 나타내어 보세요.

① $\dfrac{18}{4} \div \dfrac{1}{2}$

② $\dfrac{14}{6} \div \dfrac{3}{8}$

③ $\dfrac{18}{8} \div \dfrac{5}{10}$

④ $\dfrac{22}{8} \div \dfrac{6}{14}$

⑤ $\dfrac{28}{8} \div \dfrac{4}{9}$

⑥ $\dfrac{30}{8} \div \dfrac{5}{15}$

⑦ $\dfrac{15}{9} \div \dfrac{3}{4}$

⑧ $\dfrac{24}{9} \div \dfrac{7}{10}$

⑨ $\dfrac{35}{10} \div \dfrac{8}{20}$

⑩ $\dfrac{22}{12} \div \dfrac{3}{8}$

⑪ $\dfrac{18}{14} \div \dfrac{6}{15}$

⑫ $\dfrac{25}{15} \div \dfrac{8}{12}$

⑬ $\dfrac{45}{18} \div \dfrac{9}{12}$

⑭ $\dfrac{70}{20} \div \dfrac{10}{15}$

⑮ $\dfrac{30}{24} \div \dfrac{3}{4}$

⑯ $\dfrac{35}{25} \div \dfrac{2}{8}$

⑰ $\dfrac{45}{25} \div \dfrac{6}{20}$

⑱ $\dfrac{39}{27} \div \dfrac{2}{3}$

⑲ $\dfrac{45}{30} \div \dfrac{4}{10}$

⑳ $\dfrac{58}{34} \div \dfrac{8}{17}$

㉑ $\dfrac{50}{40} \div \dfrac{3}{4}$

㉒ $\dfrac{54}{42} \div \dfrac{1}{8}$

㉓ $\dfrac{60}{45} \div \dfrac{9}{12}$

㉔ $\dfrac{55}{50} \div \dfrac{2}{4}$

4

$$1\frac{1}{3} \div 1\frac{1}{4}$$

(분수)÷(분수) (2)

원리 깨치기

❶ (대분수)÷(진분수)
❷ (대분수)÷(대분수)

월   일

 이해! 한번 더!

(대분수)÷(진분수)는 어떻게 계산할
수 있을까? 또 (대분수)÷(대분수)는
어떻게 계산할 수 있을까? 가분수의
나눗셈처럼 하면 되는 걸까?
자! 그럼, (대분수)÷(대분수)를 공부
해 보자.

연산력 키우기

❶ DAY		맞은 개수 / 전체 문항
월	일	20
걸린시간 분	초	24

❷ DAY		맞은 개수 / 전체 문항
월	일	20
걸린시간 분	초	24

❸ DAY		맞은 개수 / 전체 문항
월	일	20
걸린시간 분	초	24

❹ DAY		맞은 개수 / 전체 문항
월	일	20
걸린시간 분	초	24

❺ DAY		맞은 개수 / 전체 문항
월	일	20
걸린시간 분	초	24

❶ (대분수) ÷ (진분수)

대분수를 가분수로 바꾼 후 계산합니다.

분모가 같은 경우	분자끼리 나누어 떨어지는 경우	분자끼리 나누어 줍니다. $1\dfrac{1}{3} \div \dfrac{2}{3} = \dfrac{4}{3} \div \dfrac{2}{3} = 4 \div 2 = 2$
	분자끼리 나누어 떨어지지 않는 경우	분수의 곱셈으로 나타내어 계산합니다. $1\dfrac{2}{3} \div \dfrac{2}{3} = \dfrac{5}{3} \div \dfrac{2}{3} = \dfrac{5}{3} \times \dfrac{3}{2} = \dfrac{5}{2} = 2\dfrac{1}{2}$
분모가 다른 경우	통분하여 계산하기	통분하여 분자끼리 나누어 줍니다. $1\dfrac{2}{3} \div \dfrac{3}{4} = \dfrac{5}{3} \div \dfrac{3}{4} = \dfrac{20}{12} \div \dfrac{9}{12} = \dfrac{20}{9} = 2\dfrac{2}{9}$
	분수의 곱셈으로 나타내어 계산하기	나누는 분수의 분모와 분자를 바꾸어 곱해 줍니다. $1\dfrac{2}{3} \div \dfrac{3}{4} = \dfrac{5}{3} \div \dfrac{3}{4} = \dfrac{5}{3} \times \dfrac{4}{3} = \dfrac{20}{9} = 2\dfrac{2}{9}$

❷ (대분수) ÷ (대분수)

대분수를 각각 가분수로 바꾼 후 계산합니다.

분모가 같은 경우	분자끼리 나누어 떨어지는 경우	분자끼리 나누어 줍니다. $2\dfrac{2}{3} \div 1\dfrac{1}{3} = \dfrac{8}{3} \div \dfrac{4}{3} = 8 \div 4 = 2$
	분자끼리 나누어 떨어지지 않는 경우	분수의 곱셈으로 나타내어 계산합니다. $2\dfrac{2}{3} \div 1\dfrac{2}{3} = \dfrac{8}{3} \div \dfrac{5}{3} = \dfrac{8}{3} \times \dfrac{3}{5} = \dfrac{8}{5} = 1\dfrac{3}{5}$
분모가 다른 경우	통분하여 계산하기	통분하여 분자끼리 나누어 줍니다. $1\dfrac{1}{3} \div 1\dfrac{1}{4} = \dfrac{4}{3} \div \dfrac{5}{4} = \dfrac{16}{12} \div \dfrac{15}{12} = \dfrac{16}{15} = 1\dfrac{1}{15}$
	분수의 곱셈으로 나타내어 계산하기	나누는 분수의 분모와 분자를 바꾸어 곱해 줍니다. $1\dfrac{1}{3} \div 1\dfrac{1}{4} = \dfrac{4}{3} \div \dfrac{5}{4} = \dfrac{4}{3} \times \dfrac{4}{5} = \dfrac{16}{15} = 1\dfrac{1}{15}$

🐡 계산해 보세요.

연산 Key

$$1\frac{4}{5} \div \frac{3}{5} = \frac{9}{5} \div \frac{3}{5} = 9 \div 3 = 3$$

$$1\frac{4}{5} \div \frac{3}{5} = \frac{9}{5} \div \frac{3}{5} = \frac{\overset{3}{\cancel{9}}}{\underset{1}{\cancel{5}}} \times \frac{\overset{1}{\cancel{5}}}{\underset{1}{\cancel{3}}} = 3$$

대분수를 가분수로 바꾼 후 분자끼리 나누거나 분수의 곱셈으로
바꾸어 계산해요.

① $1\frac{1}{2} \div \frac{1}{2}$

② $1\frac{1}{3} \div \frac{1}{3}$

③ $1\frac{1}{4} \div \frac{3}{4}$

④ $1\frac{2}{5} \div \frac{3}{5}$

⑤ $1\frac{3}{5} \div \frac{4}{5}$

⑥ $1\frac{4}{5} \div \frac{2}{5}$

⑦ $1\frac{1}{6} \div \frac{5}{6}$

⑧ $1\frac{5}{6} \div \frac{1}{6}$

⑨ $1\frac{2}{7} \div \frac{4}{7}$

⑩ $1\frac{3}{7} \div \frac{6}{7}$

⑪ $1\frac{4}{7} \div \frac{5}{7}$

⑫ $1\frac{6}{7} \div \frac{2}{7}$

⑬ $1\frac{3}{8} \div \frac{5}{8}$

⑭ $1\frac{5}{8} \div \frac{7}{8}$

⑮ $1\frac{7}{8} \div \frac{3}{8}$

⑯ $1\frac{4}{9} \div \frac{2}{9}$

⑰ $1\frac{5}{9} \div \frac{8}{9}$

⑱ $1\frac{8}{9} \div \frac{7}{9}$

⑲ $1\frac{3}{10} \div \frac{7}{10}$

⑳ $1\frac{11}{12} \div \frac{5}{12}$

1 DAY

분모가 같은 (대분수)÷(진분수)

 계산해 보세요.

❶ $2\dfrac{1}{3} \div \dfrac{2}{3}$

❷ $2\dfrac{1}{5} \div \dfrac{4}{5}$

❸ $2\dfrac{3}{5} \div \dfrac{2}{5}$

❹ $2\dfrac{4}{5} \div \dfrac{3}{5}$

❺ $2\dfrac{1}{6} \div \dfrac{5}{6}$

❻ $2\dfrac{2}{7} \div \dfrac{5}{7}$

❼ $2\dfrac{3}{7} \div \dfrac{3}{7}$

❽ $2\dfrac{5}{7} \div \dfrac{6}{7}$

❾ $2\dfrac{1}{8} \div \dfrac{7}{8}$

❿ $2\dfrac{5}{8} \div \dfrac{5}{8}$

⓫ $2\dfrac{7}{8} \div \dfrac{3}{8}$

⓬ $2\dfrac{2}{9} \div \dfrac{5}{9}$

⓭ $2\dfrac{7}{9} \div \dfrac{7}{9}$

⓮ $2\dfrac{8}{9} \div \dfrac{4}{9}$

⓯ $2\dfrac{3}{11} \div \dfrac{5}{11}$

⓰ $2\dfrac{4}{15} \div \dfrac{11}{15}$

⓱ $3\dfrac{2}{3} \div \dfrac{2}{3}$

⓲ $3\dfrac{1}{4} \div \dfrac{3}{4}$

⓳ $3\dfrac{2}{5} \div \dfrac{4}{5}$

⓴ $3\dfrac{6}{7} \div \dfrac{5}{7}$

㉑ $3\dfrac{5}{8} \div \dfrac{3}{8}$

㉒ $3\dfrac{4}{9} \div \dfrac{7}{9}$

㉓ $4\dfrac{1}{5} \div \dfrac{4}{5}$

㉔ $5\dfrac{1}{7} \div \dfrac{5}{7}$

🐡 계산해 보세요.

연산 Key

$$1\frac{2}{5} \div \frac{3}{4} = \frac{7}{5} \div \frac{3}{4} = \frac{28}{20} \div \frac{15}{20} = \frac{28}{15} = 1\frac{13}{15}$$

$$1\frac{2}{5} \div \frac{3}{4} = \frac{7}{5} \div \frac{3}{4} = \frac{7}{5} \times \frac{4}{3} = \frac{28}{15} = 1\frac{13}{15}$$

대분수를 가분수로 바꾼 후 통분하여 계산하거나 분수의 곱셈으로 바꾸어 계산해요.

① $1\frac{1}{2} \div \frac{1}{3}$

② $1\frac{1}{3} \div \frac{1}{4}$

③ $1\frac{2}{3} \div \frac{5}{6}$

④ $1\frac{1}{4} \div \frac{2}{3}$

⑤ $1\frac{3}{4} \div \frac{7}{9}$

⑥ $1\frac{2}{5} \div \frac{1}{3}$

⑦ $1\frac{3}{5} \div \frac{4}{7}$

⑧ $1\frac{4}{5} \div \frac{3}{8}$

⑨ $1\frac{1}{6} \div \frac{7}{9}$

⑩ $1\frac{5}{6} \div \frac{11}{13}$

⑪ $1\frac{1}{7} \div \frac{1}{2}$

⑫ $1\frac{2}{7} \div \frac{3}{5}$

⑬ $1\frac{3}{7} \div \frac{5}{6}$

⑭ $1\frac{5}{7} \div \frac{4}{9}$

⑮ $1\frac{5}{8} \div \frac{3}{4}$

⑯ $1\frac{7}{8} \div \frac{5}{7}$

⑰ $1\frac{2}{9} \div \frac{2}{3}$

⑱ $1\frac{5}{9} \div \frac{7}{10}$

⑲ $1\frac{9}{10} \div \frac{2}{5}$

⑳ $1\frac{7}{15} \div \frac{11}{12}$

계산해 보세요.

① $2\dfrac{1}{2} \div \dfrac{1}{4}$

② $2\dfrac{2}{3} \div \dfrac{4}{5}$

③ $2\dfrac{1}{4} \div \dfrac{3}{7}$

④ $2\dfrac{1}{5} \div \dfrac{1}{3}$

⑤ $2\dfrac{2}{5} \div \dfrac{4}{9}$

⑥ $2\dfrac{1}{6} \div \dfrac{2}{3}$

⑦ $2\dfrac{4}{7} \div \dfrac{9}{10}$

⑧ $2\dfrac{6}{7} \div \dfrac{5}{8}$

⑨ $2\dfrac{1}{8} \div \dfrac{3}{4}$

⑩ $2\dfrac{5}{8} \div \dfrac{7}{9}$

⑪ $2\dfrac{2}{9} \div \dfrac{5}{7}$

⑫ $2\dfrac{4}{9} \div \dfrac{2}{3}$

⑬ $2\dfrac{7}{9} \div \dfrac{5}{6}$

⑭ $2\dfrac{7}{10} \div \dfrac{3}{5}$

⑮ $2\dfrac{3}{16} \div \dfrac{7}{8}$

⑯ $2\dfrac{13}{18} \div \dfrac{7}{9}$

⑰ $3\dfrac{1}{3} \div \dfrac{5}{9}$

⑱ $3\dfrac{3}{4} \div \dfrac{3}{8}$

⑲ $3\dfrac{3}{5} \div \dfrac{6}{7}$

⑳ $3\dfrac{4}{7} \div \dfrac{5}{6}$

㉑ $3\dfrac{3}{8} \div \dfrac{3}{4}$

㉒ $3\dfrac{1}{9} \div \dfrac{7}{10}$

㉓ $5\dfrac{1}{4} \div \dfrac{7}{12}$

㉔ $6\dfrac{2}{5} \div \dfrac{8}{15}$

🐡 계산해 보세요.

연산 Key

$$2\frac{4}{5} \div 1\frac{2}{5} = \frac{14}{5} \div \frac{7}{5} = 14 \div 7 = 2$$

$$2\frac{4}{5} \div 1\frac{2}{5} = \frac{14}{5} \div \frac{7}{5} = \frac{\overset{2}{\cancel{14}}}{\underset{1}{\cancel{5}}} \times \frac{\overset{1}{\cancel{5}}}{\underset{1}{\cancel{7}}} = 2$$

대분수를 각각 가분수로 바꾼 후 분자끼리 나누거나 분수의 곱셈으로 바꾸어 계산해요.

① $1\frac{1}{3} \div 1\frac{2}{3}$

② $1\frac{1}{4} \div 2\frac{3}{4}$

③ $1\frac{3}{4} \div 3\frac{1}{4}$

④ $1\frac{1}{5} \div 1\frac{4}{5}$

⑤ $1\frac{2}{5} \div 2\frac{3}{5}$

⑥ $1\frac{3}{5} \div 3\frac{1}{5}$

⑦ $1\frac{4}{5} \div 4\frac{3}{5}$

⑧ $1\frac{1}{6} \div 1\frac{5}{6}$

⑨ $1\frac{2}{7} \div 1\frac{5}{7}$

⑩ $1\frac{4}{7} \div 2\frac{1}{7}$

⑪ $1\frac{5}{7} \div 1\frac{2}{7}$

⑫ $1\frac{6}{7} \div 3\frac{3}{7}$

⑬ $1\frac{1}{8} \div 1\frac{5}{8}$

⑭ $1\frac{3}{8} \div 2\frac{7}{8}$

⑮ $1\frac{5}{8} \div 1\frac{3}{8}$

⑯ $1\frac{7}{8} \div 2\frac{5}{8}$

⑰ $1\frac{2}{9} \div 1\frac{5}{9}$

⑱ $1\frac{5}{9} \div 2\frac{8}{9}$

⑲ $1\frac{7}{9} \div 3\frac{1}{9}$

⑳ $1\frac{8}{9} \div 1\frac{4}{9}$

분모가 같은 (대분수)÷(대분수)

🐟 계산해 보세요.

① $2\dfrac{2}{3} \div 5\dfrac{1}{3}$

② $2\dfrac{3}{5} \div 2\dfrac{2}{5}$

③ $2\dfrac{5}{6} \div 2\dfrac{1}{6}$

④ $2\dfrac{1}{7} \div 1\dfrac{3}{7}$

⑤ $2\dfrac{2}{7} \div 2\dfrac{6}{7}$

⑥ $2\dfrac{4}{7} \div 1\dfrac{5}{7}$

⑦ $2\dfrac{3}{8} \div 1\dfrac{3}{8}$

⑧ $2\dfrac{5}{8} \div 1\dfrac{7}{8}$

⑨ $2\dfrac{7}{8} \div 2\dfrac{1}{8}$

⑩ $2\dfrac{1}{9} \div 1\dfrac{2}{9}$

⑪ $2\dfrac{4}{9} \div 2\dfrac{7}{9}$

⑫ $2\dfrac{8}{9} \div 1\dfrac{5}{9}$

⑬ $3\dfrac{1}{5} \div 1\dfrac{3}{5}$

⑭ $3\dfrac{4}{5} \div 2\dfrac{1}{5}$

⑮ $3\dfrac{1}{6} \div 2\dfrac{1}{6}$

⑯ $3\dfrac{1}{7} \div 2\dfrac{3}{7}$

⑰ $3\dfrac{6}{7} \div 2\dfrac{2}{7}$

⑱ $3\dfrac{1}{8} \div 2\dfrac{5}{8}$

⑲ $3\dfrac{3}{8} \div 1\dfrac{7}{8}$

⑳ $3\dfrac{2}{9} \div 1\dfrac{4}{9}$

㉑ $3\dfrac{5}{9} \div 2\dfrac{1}{9}$

㉒ $4\dfrac{2}{5} \div 1\dfrac{4}{5}$

㉓ $4\dfrac{3}{7} \div 1\dfrac{1}{7}$

㉔ $5\dfrac{1}{4} \div 1\dfrac{3}{4}$

분모가 다른 분수의 나눗셈은 통분하여 계산하거나 분수의 곱셈으로 바꾸어 계산해요.

😊 계산해 보세요.

연산 Key

$$2\frac{1}{2} \div 1\frac{2}{5} = \frac{5}{2} \div \frac{7}{5} = \frac{25}{10} \div \frac{14}{10} = \frac{25}{14} = 1\frac{11}{14}$$

$$2\frac{1}{2} \div 1\frac{2}{5} = \frac{5}{2} \div \frac{7}{5} = \frac{5}{2} \times \frac{5}{7} = \frac{25}{14} = 1\frac{11}{14}$$

대분수를 각각 가분수로 바꾼 후 통분하여 계산하거나 분수의 곱셈으로 바꾸어 계산해요.

① $1\frac{1}{2} \div 1\frac{1}{3}$

② $1\frac{1}{3} \div 1\frac{1}{2}$

③ $1\frac{2}{3} \div 1\frac{1}{4}$

④ $1\frac{1}{4} \div 1\frac{1}{3}$

⑤ $1\frac{3}{4} \div 1\frac{1}{2}$

⑥ $1\frac{1}{5} \div 1\frac{1}{3}$

⑦ $1\frac{2}{5} \div 1\frac{3}{4}$

⑧ $1\frac{4}{5} \div 1\frac{1}{2}$

⑨ $1\frac{1}{6} \div 4\frac{2}{3}$

⑩ $1\frac{5}{6} \div 2\frac{1}{5}$

⑪ $1\frac{1}{7} \div 1\frac{1}{3}$

⑫ $1\frac{3}{7} \div 2\frac{1}{2}$

⑬ $1\frac{5}{7} \div 1\frac{1}{5}$

⑭ $1\frac{1}{8} \div 1\frac{1}{2}$

⑮ $1\frac{3}{8} \div 1\frac{1}{4}$

⑯ $1\frac{5}{8} \div 2\frac{1}{6}$

⑰ $1\frac{7}{8} \div 3\frac{1}{3}$

⑱ $1\frac{1}{9} \div 1\frac{2}{3}$

⑲ $1\frac{5}{9} \div 1\frac{1}{6}$

⑳ $1\frac{7}{9} \div 1\frac{3}{5}$

🐡 계산해 보세요.

① $2\dfrac{1}{2} \div 1\dfrac{2}{3}$

② $2\dfrac{1}{3} \div 1\dfrac{1}{2}$

③ $2\dfrac{2}{3} \div 1\dfrac{1}{5}$

④ $2\dfrac{3}{4} \div 1\dfrac{3}{5}$

⑤ $2\dfrac{1}{5} \div 1\dfrac{5}{6}$

⑥ $2\dfrac{2}{5} \div 1\dfrac{1}{3}$

⑦ $2\dfrac{4}{5} \div 1\dfrac{3}{4}$

⑧ $2\dfrac{5}{6} \div 1\dfrac{8}{9}$

⑨ $2\dfrac{1}{7} \div 3\dfrac{1}{3}$

⑩ $2\dfrac{6}{7} \div 1\dfrac{1}{4}$

⑪ $2\dfrac{5}{8} \div 2\dfrac{1}{3}$

⑫ $2\dfrac{2}{9} \div 4\dfrac{1}{6}$

⑬ $2\dfrac{7}{9} \div 2\dfrac{1}{7}$

⑭ $3\dfrac{1}{2} \div 1\dfrac{1}{3}$

⑮ $3\dfrac{1}{3} \div 2\dfrac{1}{2}$

⑯ $3\dfrac{3}{4} \div 2\dfrac{1}{2}$

⑰ $3\dfrac{1}{5} \div 1\dfrac{1}{7}$

⑱ $3\dfrac{1}{6} \div 1\dfrac{2}{3}$

⑲ $4\dfrac{1}{2} \div 1\dfrac{2}{3}$

⑳ $4\dfrac{1}{3} \div 5\dfrac{1}{5}$

㉑ $4\dfrac{1}{8} \div 3\dfrac{2}{3}$

㉒ $5\dfrac{1}{4} \div 2\dfrac{1}{3}$

㉓ $5\dfrac{1}{7} \div 3\dfrac{3}{5}$

㉔ $5\dfrac{5}{8} \div 2\dfrac{1}{4}$

🐡 계산해 보세요.

연산 Key

$$2\frac{1}{2} \div 1\frac{3}{5} = \frac{5}{2} \div \frac{8}{5} = \frac{25}{10} \div \frac{16}{10} = \frac{25}{16} = 1\frac{9}{16}$$

$$2\frac{1}{2} \div 1\frac{3}{5} = \frac{5}{2} \div \frac{8}{5} = \frac{5}{2} \times \frac{5}{8} = \frac{25}{16} = 1\frac{9}{16}$$

대분수를 각각 가분수로 바꾼 후 통분하여 계산하거나 분수의 곱셈으로 바꾸어 계산해요.

❶ $4\frac{1}{2} \div \frac{1}{2}$

❷ $3\frac{1}{3} \div \frac{2}{3}$

❸ $5\frac{1}{4} \div \frac{3}{4}$

❹ $3\frac{3}{5} \div \frac{4}{5}$

❺ $3\frac{1}{6} \div \frac{5}{6}$

❻ $4\frac{2}{7} \div \frac{4}{7}$

❼ $4\frac{7}{8} \div \frac{3}{8}$

❽ $4\frac{2}{9} \div \frac{8}{9}$

❾ $5\frac{1}{3} \div \frac{4}{9}$

❿ $6\frac{1}{4} \div \frac{5}{12}$

⓫ $4\frac{1}{5} \div \frac{7}{8}$

⓬ $1\frac{3}{5} \div \frac{8}{15}$

⓭ $5\frac{5}{6} \div \frac{7}{9}$

⓮ $4\frac{2}{7} \div \frac{3}{4}$

⓯ $7\frac{5}{7} \div \frac{9}{10}$

⓰ $4\frac{3}{8} \div \frac{5}{6}$

⓱ $5\frac{5}{8} \div \frac{5}{7}$

⓲ $4\frac{2}{9} \div \frac{2}{3}$

⓳ $5\frac{5}{9} \div \frac{10}{13}$

⓴ $3\frac{9}{10} \div \frac{3}{4}$

🐡 계산해 보세요.

① $4\dfrac{1}{5} \div 2\dfrac{4}{5}$

② $4\dfrac{2}{5} \div 3\dfrac{3}{5}$

③ $4\dfrac{1}{6} \div 5\dfrac{5}{6}$

④ $6\dfrac{6}{7} \div 2\dfrac{4}{7}$

⑤ $3\dfrac{3}{8} \div 1\dfrac{1}{8}$

⑥ $3\dfrac{1}{9} \div 2\dfrac{2}{9}$

⑦ $3\dfrac{4}{9} \div 1\dfrac{7}{9}$

⑧ $3\dfrac{8}{9} \div 2\dfrac{5}{9}$

⑨ $4\dfrac{1}{3} \div 6\dfrac{1}{2}$

⑩ $5\dfrac{2}{3} \div 3\dfrac{2}{5}$

⑪ $5\dfrac{1}{4} \div 3\dfrac{1}{2}$

⑫ $6\dfrac{3}{4} \div 3\dfrac{3}{8}$

⑬ $5\dfrac{3}{5} \div 1\dfrac{3}{4}$

⑭ $6\dfrac{4}{5} \div 2\dfrac{5}{6}$

⑮ $5\dfrac{5}{6} \div 3\dfrac{1}{3}$

⑯ $2\dfrac{1}{7} \div 2\dfrac{1}{2}$

⑰ $2\dfrac{2}{7} \div 3\dfrac{1}{5}$

⑱ $5\dfrac{5}{7} \div 2\dfrac{2}{3}$

⑲ $2\dfrac{1}{8} \div 5\dfrac{2}{3}$

⑳ $3\dfrac{3}{8} \div 1\dfrac{4}{5}$

㉑ $4\dfrac{7}{8} \div 3\dfrac{1}{4}$

㉒ $3\dfrac{1}{9} \div 3\dfrac{1}{3}$

㉓ $4\dfrac{2}{9} \div 3\dfrac{1}{6}$

㉔ $6\dfrac{4}{9} \div 4\dfrac{1}{7}$

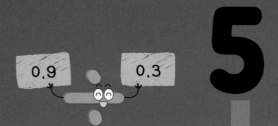

5

자릿수가 같은 (소수)÷(소수)

학습목표 1. 자연수의 나눗셈을 이용한 (소수)÷(소수)의 계산 익히기
2. (소수 한 자리 수)÷(소수 한 자리 수)의 계산 익히기
3. (소수 두 자리 수)÷(소수 두 자리 수)의 계산 익히기

원리 깨치기

❶ 자연수의 나눗셈을 이용한 (소수)÷(소수)
❷ (소수 한 자리 수)÷(소수 한 자리 수)
❸ (소수 두 자리 수)÷(소수 두 자리 수)

월   일

 이해!   한번 더!

(소수)÷(소수)에서 나누어지는 수와 나누는 수의 소수점을 동시에 같은 방향으로 똑같이 옮겨 계산하면 몫이 변하지 않아. 옮긴 소수점의 위치만 알면 자연수의 나눗셈과 같은 방법으로 계산하면 돼.
자, 이제 자릿수가 같은 (소수)÷(소수)를 연습해 보자.

연산력 키우기

❶ DAY		맞은 개수
		전체 문항
월	일	14
걸린시간 분	초	18
❷ DAY		맞은 개수
		전체 문항
월	일	17
걸린시간 분	초	21
❸ DAY		맞은 개수
		전체 문항
월	일	17
걸린시간 분	초	21
❹ DAY		맞은 개수
		전체 문항
월	일	17
걸린시간 분	초	21
❺ DAY		맞은 개수
		전체 문항
월	일	17
걸린시간 분	초	21

❶ 자연수의 나눗셈을 이용한 (소수) ÷ (소수)

[4.4 ÷ 0.2의 계산]

10배 $\searrow$ | 4.4 ÷ 0.2 | $\swarrow$ 10배
44 ÷ 2 = 22

➡ 4.4 ÷ 0.2 = 22

➡ 나누어지는 수와 나누는 수에 똑같이 **10**을 곱하여 (자연수) ÷ (자연수)로 바꾸어 계산합니다.

[0.44 ÷ 0.02의 계산]

100배 $\searrow$ | 0.44 ÷ 0.02 | $\swarrow$ 100배
44 ÷ 2 = 22

➡ 0.44 ÷ 0.02 = 22

➡ 나누어지는 수와 나누는 수에 똑같이 **100**을 곱하여 (자연수) ÷ (자연수)로 바꾸어 계산합니다.

❷ (소수 한 자리 수) ÷ (소수 한 자리 수)

[2.7 ÷ 0.3의 계산]

방법 1 분수의 나눗셈으로 바꾸어 계산하기

$$2.7 \div 0.3 = \frac{27}{10} \div \frac{3}{10} = 27 \div 3 = 9$$

방법 2 소수점을 옮겨 세로로 계산하기

$$0.3\overline{)2.7}$$
소수점을 각각 오른쪽으로 한 자리씩 옮깁니다.

$$\begin{array}{r} 9 \\ 3\overline{)27} \\ 27 \\ \hline 0 \end{array}$$

$$\begin{array}{r} 9 \\ 0.3\overline{)2.7} \\ 2\ 7 \\ \hline 0 \end{array}$$

연산 Key

$$0.\triangle \Rightarrow \frac{\triangle}{10}$$

$$0.\blacksquare\triangle \Rightarrow \frac{\blacksquare\triangle}{100}$$

❸ (소수 두 자리 수) ÷ (소수 두 자리 수)

[1.26 ÷ 0.14의 계산]

방법 1 분수의 나눗셈으로 바꾸어 계산하기

$$1.26 \div 0.14 = \frac{126}{100} \div \frac{14}{100} = 126 \div 14 = 9$$

방법 2 소수점을 옮겨 세로로 계산하기

$$0.14\overline{)1.26}$$
소수점을 각각 오른쪽으로 두 자리씩 옮깁니다.

$$\begin{array}{r} 9 \\ 14\overline{)126} \\ 126 \\ \hline 0 \end{array}$$

$$\begin{array}{r} 9 \\ 0.14\overline{)1.26} \\ 1\ 2\ 6 \\ \hline 0 \end{array}$$

연산 Key

$$1.26 \div 0.14 = 9$$
100배 ↓ 100배 ↓
$$126 \div 14 = 9$$

자연수의 나눗셈을 이용한 (소수)÷(소수)

(소수)÷(소수)의 계산은 자연수의 나눗셈을 이용해요.

자연수의 나눗셈을 이용하여 소수의 나눗셈을 계산해 보세요.

연산 Key

$$16.4 \quad 0.4$$
10배 ↓   10배 ↓

$$164 \div 4 = 41$$

└ 몫이 같아요.

$$\Rightarrow 16.4 \div 0.4 = 41$$

나누는 수와 나누어지는 수에 똑같이 10배 또는 100배를 해서 (자연수)÷(자연수)로 계산해요.

❶ $12 \div 3 = 4$
➡ $1.2 \div 0.3 = \boxed{}$

❷ $14 \div 7 = 2$
➡ $1.4 \div 0.7 = \boxed{}$

❸ $28 \div 2 = 14$
➡ $2.8 \div 0.2 = \boxed{}$

❹ $36 \div 6 = 6$
➡ $3.6 \div 0.6 = \boxed{}$

❺ $153 \div 3 = 51$
➡ $15.3 \div 0.3 = \boxed{}$

❻ $182 \div 2 = 91$
➡ $18.2 \div 0.2 = \boxed{}$

❼ $216 \div 6 = 36$
➡ $21.6 \div 0.6 = \boxed{}$

❽ $315 \div 7 = 45$
➡ $31.5 \div 0.7 = \boxed{}$

❾ $52 \div 13 = 4$
➡ $5.2 \div 1.3 = \boxed{}$

❿ $84 \div 21 = 4$
➡ $8.4 \div 2.1 = \boxed{}$

⓫ $99 \div 11 = 9$
➡ $9.9 \div 1.1 = \boxed{}$

⓬ $145 \div 29 = 5$
➡ $14.5 \div 2.9 = \boxed{}$

⓭ $424 \div 53 = 8$
➡ $42.4 \div 5.3 = \boxed{}$

⓮ $504 \div 56 = 9$
➡ $50.4 \div 5.6 = \boxed{}$

🐡 자연수의 나눗셈을 이용하여 소수의 나눗셈을 계산해 보세요.

❶ $18 \div 2 = 9$
➡ $0.18 \div 0.02 = \boxed{}$

❷ $32 \div 4 = 8$
➡ $0.32 \div 0.04 = \boxed{}$

❸ $63 \div 9 = 7$
➡ $0.63 \div 0.09 = \boxed{}$

❹ $114 \div 3 = 38$
➡ $1.14 \div 0.03 = \boxed{}$

❺ $135 \div 5 = 27$
➡ $1.35 \div 0.05 = \boxed{}$

❻ $217 \div 7 = 31$
➡ $2.17 \div 0.07 = \boxed{}$

❼ $46 \div 23 = 2$
➡ $0.46 \div 0.23 = \boxed{}$

❽ $51 \div 17 = 3$
➡ $0.51 \div 0.17 = \boxed{}$

❾ $72 \div 18 = 4$
➡ $0.72 \div 0.18 = \boxed{}$

❿ $78 \div 13 = 6$
➡ $0.78 \div 0.13 = \boxed{}$

⓫ $95 \div 19 = 5$
➡ $0.95 \div 0.19 = \boxed{}$

⓬ $98 \div 14 = 7$
➡ $0.98 \div 0.14 = \boxed{}$

⓭ $272 \div 34 = 8$
➡ $2.72 \div 0.34 = \boxed{}$

⓮ $187 \div 17 = 11$
➡ $1.87 \div 0.17 = \boxed{}$

⓯ $208 \div 26 = 8$
➡ $2.08 \div 0.26 = \boxed{}$

⓰ $336 \div 28 = 12$
➡ $3.36 \div 0.28 = \boxed{}$

⓱ $405 \div 45 = 9$
➡ $4.05 \div 0.45 = \boxed{}$

⓲ $663 \div 51 = 13$
➡ $6.63 \div 0.51 = \boxed{}$

🐡 계산해 보세요.

연산 Key

$$0.3)\overline{1.8} \rightarrow 3)\overline{18} \rightarrow 0.3)\overline{1.8}$$

$$\begin{array}{r} 6 \\ 3)\overline{18} \\ \underline{18} \\ 0 \end{array} \qquad \begin{array}{r} 6 \\ 0.3)\overline{1.8} \\ \underline{18} \\ 0 \end{array}$$

나누는 수와 나누어지는 수가 모두 소수 한 자리 수이므로 소수점을 각각 오른쪽으로 한 자리씩 똑같이 옮겨서 계산해요.

❶ $0.2)\overline{0.8}$

❷ $0.3)\overline{0.9}$

❸ $0.4)\overline{0.8}$

❹ $0.5)\overline{1.5}$

❺ $0.6)\overline{2.4}$

❻ $0.7)\overline{4.2}$

❼ $0.8)\overline{6.4}$

❽ $0.9)\overline{3.6}$

❾ $0.2)\overline{10.4}$

❿ $0.3)\overline{14.1}$

⓫ $0.4)\overline{14.4}$

⓬ $0.5)\overline{14.5}$

⓭ $0.6)\overline{16.2}$

⓮ $0.7)\overline{17.5}$

⓯ $0.8)\overline{19.2}$

⓰ $0.9)\overline{28.8}$

⓱ $0.9)\overline{33.3}$

🐡 계산해 보세요.

❶ $0.6 \div 0.3$

❷ $1.6 \div 0.4$

❸ $3.5 \div 0.5$

❹ $4.8 \div 0.6$

❺ $4.9 \div 0.7$

❻ $7.2 \div 0.8$

❼ $8.1 \div 0.9$

❽ $13.2 \div 0.2$

❾ $14.1 \div 0.3$

❿ $17.4 \div 0.6$

⓫ $23.6 \div 0.4$

⓬ $24.5 \div 0.7$

⓭ $25.2 \div 0.6$

⓮ $25.5 \div 0.5$

⓯ $24.5 \div 0.5$

⓰ $29.4 \div 0.7$

⓱ $28.8 \div 0.6$

⓲ $44.8 \div 0.8$

⓳ $36.8 \div 0.8$

⓴ $32.4 \div 0.9$

㉑ $47.7 \div 0.9$

🐡 계산해 보세요.

연산 Key

$$1.3\overline{)7.8} \;\rightarrow\; 13\overline{)78} \;\rightarrow\; 1.3\overline{)7.8}$$

나누는 수와 나누어지는 수가 모두 소수 한 자리 수이므로 소수점을 각각 오른쪽으로 한 자리씩 옮겨서 계산해요.

❶ $1.2\overline{)9.6}$

❷ $1.4\overline{)8.4}$

❸ $1.5\overline{)4.5}$

❹ $2.2\overline{)8.8}$

❺ $3.1\overline{)9.3}$

❻ $1.6\overline{)19.2}$

❼ $1.8\overline{)16.2}$

❽ $1.9\overline{)24.7}$

❾ $2.5\overline{)42.5}$

❿ $2.7\overline{)51.3}$

⑪ $3.9\overline{)62.4}$

⑫ $4.7\overline{)56.4}$

⑬ $7.3\overline{)43.8}$

⑭ $9.2\overline{)36.8}$

⑮ $5.8\overline{)104.4}$

⑯ $6.9\overline{)117.3}$

⑰ $8.3\overline{)132.8}$

3 DAY (소수 한 자리 수)÷(소수 한 자리 수)(2)

계산해 보세요.

❶ 8.4 ÷ 2.1

❷ 6.9 ÷ 2.3

❸ 8.4 ÷ 2.8

❹ 7.2 ÷ 3.6

❺ 7.8 ÷ 2.6

❻ 8.2 ÷ 4.1

❼ 9.9 ÷ 3.3

❽ 11.2 ÷ 1.6

❾ 11.5 ÷ 2.3

❿ 17.4 ÷ 2.9

⓫ 16.8 ÷ 2.1

⓬ 23.8 ÷ 3.4

⓭ 42.3 ÷ 4.7

⓮ 47.3 ÷ 4.3

⓯ 111.3 ÷ 5.3

⓰ 127.5 ÷ 7.5

⓱ 134.4 ÷ 6.4

⓲ 140.4 ÷ 7.8

⓳ 147.6 ÷ 12.3

⓴ 202.4 ÷ 8.8

㉑ 249.2 ÷ 17.8

나누어지는 수와 나누는 수의 소수점을 똑같이 오른쪽으로 옮겨서 자연수의 나눗셈으로 계산해요.

🐡 계산해 보세요.

연산 Key

$$0.02\overline{)2.24} \rightarrow 2\overline{)224} \rightarrow 0.02\overline{)2.24}$$

```
        1 1 2                1 1 2
   2 ) 2 2 4           0.02 ) 2.2 4
       2 0 0                  2 0 0
       ─────                  ─────
         2 4                    2 4
         2 0                    2 0
       ─────                  ─────
           4                      4
           4                      4
       ─────                  ─────
           0                      0
```

나누는 수와 나누어지는 수가 모두 소수 두 자리 수이므로 소수점을 각각 오른쪽으로 두 자리씩 똑같이 옮겨서 계산해요.

❶ $0.02\overline{)0.14}$

❷ $0.04\overline{)0.16}$

❸ $0.05\overline{)0.25}$

❹ $0.07\overline{)0.35}$

❺ $0.08\overline{)0.64}$

❻ $0.03\overline{)1.35}$

❼ $0.04\overline{)1.48}$

❽ $0.06\overline{)1.74}$

❾ $0.07\overline{)2.24}$

❿ $0.08\overline{)2.72}$

⓫ $0.12\overline{)1.08}$

⓬ $0.16\overline{)2.08}$

⓭ $0.19\overline{)3.61}$

⓮ $0.21\overline{)7.35}$

⓯ $0.24\overline{)11.04}$

⓰ $0.36\overline{)15.12}$

⓱ $0.54\overline{)20.52}$

🐡 계산해 보세요.

❶ 0.18 ÷ 0.03

❷ 0.24 ÷ 0.04

❸ 0.35 ÷ 0.05

❹ 0.48 ÷ 0.06

❺ 0.56 ÷ 0.07

❻ 0.72 ÷ 0.08

❼ 0.81 ÷ 0.09

❽ 1.08 ÷ 0.09

❾ 1.48 ÷ 0.02

❿ 1.95 ÷ 0.05

⑪ 2.08 ÷ 0.08

⑫ 3.33 ÷ 0.09

⑬ 2.46 ÷ 0.06

⑭ 3.01 ÷ 0.07

⑮ 2.04 ÷ 0.17

⑯ 4.48 ÷ 0.14

⑰ 5.98 ÷ 0.26

⑱ 7.84 ÷ 0.28

⑲ 10.68 ÷ 0.89

⑳ 20.28 ÷ 0.78

㉑ 33.92 ÷ 0.64

🐡 계산해 보세요.

연산 Key

$$1.16\overline{)8.12} \rightarrow 116\overline{)812} \rightarrow 1.16\overline{)8.12}$$

나누는 수와 나누어지는 수가 모두 소수 두 자리 수이므로 소수점을 각각 오른쪽으로 두 자리씩 똑같이 옮겨요.

⓫ $2.13\overline{)19.17}$

⓬ $2.32\overline{)37.12}$

❶ $1.04\overline{)6.24}$

❻ $1.15\overline{)5.75}$

⓭ $2.47\overline{)32.11}$

❷ $1.26\overline{)7.56}$

❼ $1.17\overline{)4.68}$

⓮ $3.36\overline{)53.76}$

❸ $1.18\overline{)9.44}$

❽ $1.21\overline{)6.05}$

⓯ $4.75\overline{)90.25}$

❹ $1.13\overline{)7.91}$

❾ $1.38\overline{)8.28}$

⓰ $5.82\overline{)104.76}$

❺ $1.28\overline{)5.12}$

❿ $1.42\overline{)9.94}$

⓱ $6.74\overline{)148.28}$

🐡 계산해 보세요.

❶ 3.12 ÷ 1.56

❷ 4.48 ÷ 1.12

❸ 5.32 ÷ 1.33

❹ 6.84 ÷ 1.14

❺ 6.96 ÷ 1.74

❻ 7.56 ÷ 1.26

❼ 7.92 ÷ 1.98

❽ 8.05 ÷ 1.61

❾ 8.44 ÷ 2.11

❿ 8.76 ÷ 1.46

⓫ 9.04 ÷ 2.26

⓬ 10.65 ÷ 2.13

⓭ 10.72 ÷ 2.68

⓮ 12.25 ÷ 1.75

⓯ 13.92 ÷ 2.32

⓰ 17.38 ÷ 1.58

⓱ 21.67 ÷ 1.97

⓲ 33.28 ÷ 2.56

⓳ 81.75 ÷ 3.27

⓴ 100.28 ÷ 4.36

㉑ 256.32 ÷ 5.34

6

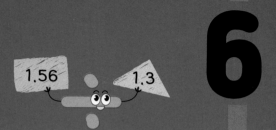

자릿수가 다른 (소수)÷(소수)

학습목표
1. (소수 두 자리 수)÷(소수 한 자리 수)의 계산 익히기
2. (소수 세 자리 수)÷(소수 두 자리 수)의 계산 익히기

원리 깨치기

❶ (소수 두 자리 수)÷(소수 한 자리 수)
❷ (소수 세 자리 수)÷(소수 두 자리 수)

월	일

 이해! 한번 더!

자릿수가 다른 (소수)÷(소수)의 계산은 어떻게 할까? 이것도 자연수의 나눗셈을 이용하여 계산할 수 있을까? 자, 이제 자릿수가 다른 (소수)÷(소수)의 계산 방법을 알아보자.

연산력 키우기

❶ DAY		맞은 개수	
월	일		전체 문항
			18
걸린시간 분	초		21
❷ DAY		맞은 개수	
월	일		전체 문항
			18
걸린시간 분	초		21
❸ DAY		맞은 개수	
월	일		전체 문항
			18
걸린시간 분	초		21
❹ DAY		맞은 개수	
월	일		전체 문항
			18
걸린시간 분	초		21
❺ DAY		맞은 개수	
월	일		전체 문항
			17
걸린시간 분	초		21

① **(소수 두 자리 수) ÷ (소수 한 자리 수)**

[2.88 ÷ 1.2의 계산]

방법 1 분수의 나눗셈으로 바꾸어 계산하기

$$2.88 \div 1.2 = \frac{28.8}{10} \div \frac{12}{10} = 28.8 \div 12 = 2.4$$

방법 2 소수점을 옮겨 세로로 계산하기

$$1.2\overline{)2.88} \quad \Rightarrow \quad 12\overline{)28.8}$$

소수점을 각각 오른쪽
으로 한 자리씩 옮깁
니다.

```
        2.4
 12 ) 28.8
      24
       4 8
       4 8
         0
```

연산 Key

나누는 수가

| 소수 한 자리 수 | ➡ | 소수점을 한 자리 |

씩 옮겨요.

② **(소수 세 자리 수) ÷ (소수 두 자리 수)**

연산 Key

나누는 수가

| 소수 두 자리 수 | ➡ | 소수점을 두 자리 |

씩 옮겨요.

[2.415 ÷ 1.15의 계산]

방법 1 분수의 나눗셈으로 바꾸어 계산하기

$$2.415 \div 1.15 = \frac{241.5}{100} \div \frac{115}{100} = 241.5 \div 115 = 2.1$$

방법 2 소수점을 옮겨 세로로 계산하기

$$1.15\overline{)2.415} \quad \Rightarrow \quad 115\overline{)241.5}$$

소수점을 각각 오른쪽으로
두 자리씩 옮깁니다.

```
          2.1
 115 ) 241.5
       230
        11 5
        11 5
           0
```

· (■.□□) ÷ (●.⦿) = (■□.□) ÷ (●⦿)　　➡ 소수점을 각각 한 자리씩 이동
· (■.□□▤) ÷ (●.⦿○) = (■□□.▤) ÷ (●⦿○)　　➡ 소수점을 각각 두 자리씩 이동

(소수 두 자리 수)÷(소수 한 자리 수)(1)

🐡 계산해 보세요.

연산 Key

$$0.3 \overline{)1.3\,2} $$

$$\begin{array}{r} 4.4 \\ 0.3{\overline{\smash{\big)}\,1.3\,2}} \\ \underline{1\ 2} \\ 1\ 2 \\ \underline{1\ 2} \\ 0 \end{array}$$

나누는 수가 자연수가 되도록 소수점을 오른쪽으로 한 자리 옮기면 나누어지는 수도 똑같이 소수점을 오른쪽으로 한 자리 옮겨요.

⑤ $0.9\overline{)0.7\,2}$

⑥ $0.3\overline{)1.9\,5}$

⑦ $0.5\overline{)1.1\,5}$

⑫ $1.2\overline{)0.4\,8}$

⑬ $1.4\overline{)0.9\,8}$

⑭ $1.5\overline{)0.7\,5}$

❶ $0.2\overline{)0.1\,4}$

❷ $0.4\overline{)0.2\,8}$

❸ $0.6\overline{)0.3\,6}$

❹ $0.7\overline{)0.3\,5}$

⑧ $0.6\overline{)4.4\,4}$

⑨ $0.7\overline{)1.6\,8}$

⑩ $0.8\overline{)2.4\,8}$

⑪ $0.9\overline{)3.0\,6}$

⑮ $1.7\overline{)0.6\,8}$

⑯ $1.8\overline{)0.7\,2}$

⑰ $2.3\overline{)0.6\,9}$

⑱ $3.2\overline{)0.9\,6}$

🐡 계산해 보세요.

❶ $0.45 \div 0.3$

❷ $0.58 \div 0.2$

❸ $0.95 \div 0.5$

❹ $0.92 \div 0.4$

❺ $0.72 \div 0.6$

❻ $0.77 \div 0.7$

❼ $0.81 \div 0.9$

❽ $0.64 \div 0.8$

❾ $2.52 \div 1.2$

❿ $7.36 \div 2.3$

⓫ $8.16 \div 3.4$

⓬ $9.89 \div 4.3$

⓭ $12.96 \div 5.4$

⓮ $17.42 \div 6.7$

⓯ $19.44 \div 7.2$

⓰ $26.68 \div 11.6$

⓱ $58.59 \div 21.7$

⓲ $77.76 \div 32.4$

⓳ $122.92 \div 43.9$

⓴ $132.86 \div 51.1$

㉑ $217.08 \div 60.3$

🐡 계산해 보세요.

연산 Key

$$
\begin{array}{r}
2.4 \\
2.3\overline{)5.5\,2} \\
4\ 6 \\
\hline
9\ 2 \\
9\ 2 \\
\hline
0
\end{array}
$$

나누는 수가 자연수가 되도록 소수점을 옮긴 한 자리만큼 나누어지는 수의 소수점도 똑같이 한 자리 옮겨요.

❺ $4.3\overline{)9.0\,3}$

⓬ $20.3\overline{)48.7\,2}$

❻ $1.7\overline{)10.7\,1}$

⓭ $28.1\overline{)75.8\,7}$

❼ $2.2\overline{)10.7\,8}$

⓮ $32.4\overline{)93.9\,6}$

❶ $1.8\overline{)3.7\,8}$

❽ $2.6\overline{)11.9\,6}$

⓯ $33.8\overline{)108.1\,6}$

❷ $2.1\overline{)2.9\,4}$

❾ $3.4\overline{)21.4\,2}$

⓰ $38.2\overline{)145.1\,6}$

❸ $2.8\overline{)3.6\,4}$

❿ $4.8\overline{)30.2\,4}$

⓱ $45.1\overline{)162.3\,6}$

❹ $3.2\overline{)4.4\,8}$

⓫ $18.5\overline{)46.2\,5}$

⓲ $54.2\overline{)227.6\,4}$

🐡 계산해 보세요.

❶ 3.22 ÷ 1.4

❷ 4.25 ÷ 2.5

❸ 5.27 ÷ 1.7

❹ 6.96 ÷ 2.9

❺ 8.16 ÷ 3.4

❻ 10.05 ÷ 1.5

❼ 12.35 ÷ 1.9

❽ 13.57 ÷ 2.3

❾ 14.72 ÷ 3.2

❿ 20.16 ÷ 4.8

⓫ 38.34 ÷ 21.3

⓬ 52.92 ÷ 19.6

⓭ 51.62 ÷ 17.8

⓮ 53.82 ÷ 23.4

⓯ 77.74 ÷ 33.8

⓰ 87.78 ÷ 46.2

⓱ 87.12 ÷ 26.4

⓲ 102.96 ÷ 19.8

⓳ 127.12 ÷ 22.7

⓴ 160.02 ÷ 38.1

㉑ 197.28 ÷ 27.4

(소수 세 자리 수)÷(소수 두 자리 수)

🐡 계산해 보세요.

연산 Key

$$1.23 \overline{)2.21\,4}$$

$$\begin{array}{r} 1.8 \\ 1.23\overline{)2.21\,4} \\ \underline{1\,2\,3} \\ 9\,8\,4 \\ \underline{9\,8\,4} \\ 0 \end{array}$$

나누는 수가 자연수가 되도록 소수점을 오른쪽으로 두 자리 옮기면 나누어지는 수도 똑같이 소수점을 오른쪽으로 두 자리 옮겨요.

⑤ $0.64\overline{)0.896}$

⑥ $0.32\overline{)1.952}$

⑦ $0.44\overline{)1.584}$

⑫ $1.87\overline{)4.862}$

⑬ $2.35\overline{)6.815}$

⑭ $2.65\overline{)4.505}$

❶ $0.23\overline{)0.276}$

❷ $0.34\overline{)0.442}$

❸ $0.42\overline{)0.714}$

❹ $0.59\overline{)0.767}$

⑧ $0.53\overline{)1.961}$

⑨ $0.67\overline{)2.412}$

⑩ $0.79\overline{)3.318}$

⑪ $0.88\overline{)5.456}$

⑮ $3.24\overline{)4.212}$

⑯ $4.29\overline{)7.722}$

⑰ $5.12\overline{)7.168}$

⑱ $6.34\overline{)7.608}$

🐡 계산해 보세요.

❶ 0.208 ÷ 0.16

❷ 0.336 ÷ 0.21

❸ 0.486 ÷ 0.27

❹ 0.544 ÷ 0.32

❺ 0.672 ÷ 0.48

❻ 0.744 ÷ 0.62

❼ 1.054 ÷ 0.31

❽ 1.148 ÷ 0.14

❾ 1.166 ÷ 0.22

❿ 1.305 ÷ 0.45

⓫ 1.435 ÷ 0.35

⓬ 1.736 ÷ 0.28

⓭ 3.024 ÷ 1.26

⓮ 5.712 ÷ 1.68

⓯ 5.208 ÷ 2.17

⓰ 6.032 ÷ 2.32

⓱ 6.825 ÷ 2.73

⓲ 8.268 ÷ 3.18

⓳ 6.741 ÷ 3.21

⓴ 9.522 ÷ 4.14

㉑ 9.798 ÷ 4.26

나누는 수가 소수 몇 자리 수인지 알아보고 자연수가 되도록 소수점을 옮겨요.

🐡 계산해 보세요.

연산 Key

$$
\begin{array}{r}
8.4 \\
1.4\,)\,\overline{11.7\,6} \\
1\,1\,2 \\
\hline
5\,6 \\
5\,6 \\
\hline
0
\end{array}
$$

나누는 수가 소수 ■ 자리 수이면 소수점을 오른쪽으로 ■ 자리만큼 옮겨요.

⑤ $0.5\,)\,\overline{2.1\,5}$

⑥ $0.6\,)\,\overline{1.4\,4}$

⑦ $0.7\,)\,\overline{2.1\,7}$

⑫ $2.4\,)\,\overline{3.3\,6}$

⑬ $3.5\,)\,\overline{7.3\,5}$

⑭ $4.3\,)\,\overline{9.8\,9}$

❶ $0.2\,)\,\overline{0.1\,8}$

❷ $0.8\,)\,\overline{0.2\,4}$

❸ $0.9\,)\,\overline{0.3\,6}$

❹ $0.4\,)\,\overline{1.2\,8}$

⑧ $1.3\,)\,\overline{0.6\,5}$

⑨ $1.6\,)\,\overline{0.6\,4}$

⑩ $2.3\,)\,\overline{0.9\,2}$

⑪ $1.7\,)\,\overline{2.5\,5}$

⑮ $5.5\,)\,\overline{1\,9.2\,5}$

⑯ $6.9\,)\,\overline{2\,9.6\,7}$

⑰ $7.7\,)\,\overline{3\,3.8\,8}$

⑱ $8.6\,)\,\overline{4\,4.7\,2}$

계산해 보세요.

❶ 3.3)11.22

❷ 4.2)23.52

❸ 20.7)47.61

❹ 32.2)70.84

❺ 40.5)68.85

❻ 28.1)101.16

❼ 18.8)109.04

❽ 35.2)119.68

❾ 42.4)152.64

❿ 0.27)0.324

⓫ 0.52)0.676

⓬ 0.74)0.888

⓭ 0.89)0.979

⓮ 0.23)1.196

⓯ 0.46)2.714

⓰ 0.67)1.675

⓱ 1.98)4.356

⓲ 2.35)5.405

⓳ 3.26)4.564

⓴ 4.14)8.694

㉑ 5.03)9.054

🐡 **계산해 보세요.**

연산 Key

$$1.82 \div 0.7 \rightarrow 0.7)\overline{1.82}$$

$$\begin{array}{r} 2.6 \\ 0.7\,\overline{)\,1.8\,2} \\ 1\ 4 \\ \hline 4\ 2 \\ 4\ 2 \\ \hline 0 \end{array}$$

가로로 나타낸 나눗셈은 세로로 바꿔서 계산해요.

❶ $0.21 \div 0.7$

❷ $0.44 \div 0.4$

❸ $0.72 \div 0.9$

❹ $1.12 \div 0.2$

❺ $1.44 \div 0.3$

❻ $2.04 \div 0.6$

❼ $2.32 \div 0.8$

❽ $0.24 \div 0.8$

❾ $0.56 \div 1.4$

❿ $0.85 \div 1.7$

⓫ $3.25 \div 2.5$

⓬ $6.84 \div 3.8$

⓭ $7.13 \div 3.1$

⓮ $8.82 \div 4.2$

⓯ $10.35 \div 2.3$

⓰ $10.71 \div 5.1$

⓱ $11.52 \div 1.8$

계산해 보세요.

❶ 12.24 ÷ 3.6

❷ 21.93 ÷ 4.3

❸ 48.96 ÷ 40.8

❹ 55.66 ÷ 24.2

❺ 66.15 ÷ 31.5

❻ 122.88 ÷ 25.6

❼ 125.12 ÷ 36.8

❽ 128.64 ÷ 40.2

❾ 0.492 ÷ 0.41

❿ 0.702 ÷ 0.54

⓫ 0.868 ÷ 0.62

⓬ 1.984 ÷ 0.31

⓭ 2.436 ÷ 0.42

⓮ 3.472 ÷ 0.56

⓯ 3.216 ÷ 2.68

⓰ 4.082 ÷ 3.14

⓱ 4.899 ÷ 2.13

⓲ 6.496 ÷ 4.06

⓳ 7.107 ÷ 3.09

⓴ 7.812 ÷ 4.34

㉑ 8.256 ÷ 5.16

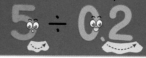

나를 따라
옷을 바꿔 입어라!

7

(자연수)÷(소수)

학습목표 1. (자연수)÷(소수 한 자리 수)의 계산 익히기
2. (자연수)÷(소수 두 자리 수)의 계산 익히기

원리 깨치기

❶ (자연수)÷(소수 한 자리 수)
❷ (자연수)÷(소수 두 자리 수)

월   일

이해!

한번 더!

(자연수)÷(소수)는 어떻게 계산할까?
(소수)÷(자연수)처럼 하면 되는걸까?
(자연수)÷(소수)는 나누는 수가 자연
수가 되도록 해야 해.
자, 이제 (자연수)÷(소수)의 계산을
자세히 공부해 보자.

연산력 키우기

❶ DAY		맞은 개수 / 전체 문항
월	일	17
걸린시간 분	초	21

❷ DAY		맞은 개수 / 전체 문항
월	일	17
걸린시간 분	초	21

❸ DAY		맞은 개수 / 전체 문항
월	일	17
걸린시간 분	초	21

❹ DAY		맞은 개수 / 전체 문항
월	일	17
걸린시간 분	초	21

❺ DAY		맞은 개수 / 전체 문항
월	일	17
걸린시간 분	초	21

❶ **(자연수) ÷ (소수 한 자리 수)**

[12 ÷ 1.5의 계산]

방법 1 분수의 나눗셈으로 바꾸어 계산하기

$$12 ÷ 1.5 = \frac{120}{10} ÷ \frac{15}{10} = 120 ÷ 15 = 8$$

방법 2 소수점을 옮겨 세로로 계산하기

```
        8                    8
1.5)1 2.0    ➡    15)1 2 0
                       1 2 0
                           0
```
└ 소수점을 오른쪽으로
각각 한 자리씩 옮깁
니다.

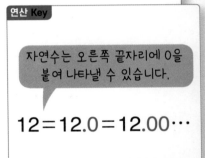

연산 Key

소수 한 자리 수

$$12 ÷ 1.5 = 8$$
10배   10배
$$120 ÷ 15 = 8$$

연산 Key

자연수는 오른쪽 끝자리에 0을
붙여 나타낼 수 있습니다.

$$12 = 12.0 = 12.00 \cdots$$

❷ **(자연수) ÷ (소수 두 자리 수)**

[34 ÷ 4.25의 계산]

방법 1 분수의 나눗셈으로 바꾸어 계산하기

$$34 ÷ 4.25 = \frac{3400}{100} ÷ \frac{425}{100} = 3400 ÷ 425 = 8$$

방법 2 소수점을 옮겨 세로로 계산하기

```
                           8
4.25)3 4.0 0    ➡    425)3 4 0 0
                           3 4 0 0
                                 0
```
└ 소수점을 오른쪽으로
각각 두 자리씩 옮깁
니다.

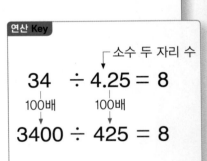

연산 Key

소수 두 자리 수

$$34 ÷ 4.25 = 8$$
100배   100배
$$3400 ÷ 425 = 8$$

(■.●) ÷ ♣	➡	소수점을 한 칸씩 이동	➡	(■●) ÷ ♣0
(■.●▲) ÷ ♣	➡	소수점을 두 칸씩 이동	➡	(■●▲) ÷ ♣00

🐡 계산해 보세요.

연산 Key

$$0.9\overline{)27} \rightarrow 0.9\overline{)27.0}$$

$$\begin{array}{r} 3\ 0 \\ 0.9\overline{)27.0} \\ \underline{27} \\ 0 \end{array}$$

나누는 수의 소수점을 오른쪽으로 한 자리 옮기면 자연수도 끝에 소수점과 0이 있는 것으로 생각하고 소수점을 오른쪽으로 한 자리 옮겨요.

⓫ $0.3\overline{)132}$

⓬ $0.4\overline{)104}$

❶ $0.2\overline{)1}$

❻ $0.3\overline{)24}$

⓭ $0.5\overline{)110}$

❷ $0.3\overline{)6}$

❼ $0.4\overline{)16}$

⓮ $0.6\overline{)192}$

❸ $0.4\overline{)2}$

❽ $0.5\overline{)35}$

⓯ $0.7\overline{)196}$

❹ $0.5\overline{)2}$

❾ $0.6\overline{)48}$

⓰ $0.8\overline{)184}$

❺ $0.2\overline{)12}$

❿ $0.7\overline{)21}$

⓱ $0.9\overline{)162}$

🐡 계산해 보세요.

❶ $2 \div 0.2$

❷ $3 \div 0.3$

❸ $4 \div 0.8$

❹ $5 \div 0.5$

❺ $15 \div 0.5$

❻ $18 \div 0.3$

❼ $22 \div 0.2$

❽ $28 \div 0.7$

❾ $30 \div 0.6$

❿ $32 \div 0.4$

⓫ $36 \div 0.8$

⓬ $45 \div 0.9$

⓭ $56 \div 0.4$

⓮ $96 \div 0.6$

⓯ $133 \div 0.7$

⓰ $136 \div 0.2$

⓱ $153 \div 0.9$

⓲ $162 \div 0.6$

⓳ $175 \div 0.5$

⓴ $208 \div 0.8$

㉑ $216 \div 0.4$

연산력 키우기 **2** **DAY** **(자연수)÷(1보다 큰 소수 한 자리 수)**

> 몫의 소수점을 찍을 때 옮긴 소수점의 위치에 주의해요.

🐡 계산해 보세요.

연산 Key

$$1.6\overline{)48} \Rightarrow 1.6\overline{)48.0} \quad \begin{array}{r} 3\ 0 \\ \hline 48.0 \\ 48 \\ \hline 0 \end{array}$$

몫의 소수점은 옮긴 소수점의 위치에 찍어요.

❶ $1.2\overline{)6}$

❷ $1.5\overline{)3}$

❸ $1.6\overline{)8}$

❹ $2.5\overline{)5}$

❺ $1.3\overline{)26}$

❻ $1.7\overline{)68}$

❼ $2.1\overline{)63}$

❽ $2.4\overline{)96}$

❾ $3.2\overline{)64}$

❿ $4.3\overline{)86}$

⑪ $5.4\overline{)81}$

⑫ $1.5\overline{)195}$

⑬ $1.9\overline{)285}$

⑭ $2.5\overline{)325}$

⑮ $3.3\overline{)396}$

⑯ $4.2\overline{)546}$

⑰ $5.3\overline{)742}$

(자연수)÷(1보다 큰 소수 한 자리 수)

😊 계산해 보세요.

❶ 6 ÷ 1.5

❷ 7 ÷ 1.4

❸ 9 ÷ 1.8

❹ 24 ÷ 1.6

❺ 28 ÷ 1.4

❻ 36 ÷ 1.2

❼ 45 ÷ 1.5

❽ 46 ÷ 2.3

❾ 81 ÷ 2.7

❿ 51 ÷ 3.4

⓫ 76 ÷ 3.8

⓬ 86 ÷ 4.3

⓭ 93 ÷ 3.1

⓮ 96 ÷ 2.4

⓯ 299 ÷ 1.3

⓰ 319 ÷ 2.9

⓱ 357 ÷ 1.7

⓲ 360 ÷ 2.4

⓳ 408 ÷ 3.4

⓴ 656 ÷ 4.1

㉑ 901 ÷ 5.3

🐡 계산해 보세요.

연산 Key

$$0.12 \overline{)60} \rightarrow \begin{array}{r} 500 \\ 0.12 \overline{)60.00} \\ \underline{60} \\ 0 \end{array}$$

나누는 수의 소수점을 오른쪽으로 두 자리 옮기면 자연수도 끝에 소수점과 0이 있는 것으로 생각하고 소수점을 오른쪽으로 두 자리 옮겨요.

⑪ $0.06 \overline{)132}$

⑫ $0.08 \overline{)104}$

❶ $0.02 \overline{)1}$

❻ $0.03 \overline{)21}$

⑬ $0.13 \overline{)273}$

❷ $0.05 \overline{)5}$

❼ $0.04 \overline{)12}$

⑭ $0.19 \overline{)228}$

❸ $0.12 \overline{)6}$

❽ $0.15 \overline{)18}$

⑮ $0.17 \overline{)595}$

❹ $0.15 \overline{)9}$

❾ $0.18 \overline{)27}$

⑯ $0.35 \overline{)420}$

❺ $0.25 \overline{)5}$

❿ $0.25 \overline{)30}$

⑰ $0.24 \overline{)360}$

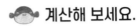 계산해 보세요.

❶ $4 \div 0.02$

❷ $3 \div 0.15$

❸ $8 \div 0.05$

❹ $7 \div 0.14$

❺ $9 \div 0.18$

❻ $12 \div 0.03$

❼ $15 \div 0.05$

❽ $26 \div 0.13$

❾ $28 \div 0.07$

❿ $51 \div 0.17$

⓫ $57 \div 0.19$

⓬ $84 \div 0.21$

⓭ $96 \div 0.24$

⓮ $144 \div 0.32$

⓯ $120 \div 0.04$

⓰ $240 \div 0.06$

⓱ $154 \div 0.28$

⓲ $182 \div 0.14$

⓳ $195 \div 0.15$

⓴ $322 \div 0.23$

㉑ $705 \div 0.47$

🐡 계산해 보세요.

연산 Key

$$1.05\overline{)21} \;\rightarrow\; 1.05\overline{)21.00}$$

$$\begin{array}{r} 2\,0 \\ 1.05\overline{)21.00} \\ \underline{21\ 0} \\ 0 \end{array}$$

나누는 소수 두 자리 수가 자연수가 되도록 나누는 수와 나누어지는 수의 소수점을 오른쪽으로 두 자리씩 옮겨서 계산해요.

⑪ $1.08\overline{)162}$

⑫ $2.25\overline{)189}$

❶ $2.25\overline{)9}$

❻ $2.12\overline{)53}$

⑬ $3.72\overline{)186}$

❷ $1.25\overline{)10}$

❼ $2.35\overline{)47}$

⑭ $4.25\overline{)255}$

❸ $1.05\overline{)21}$

❽ $3.15\overline{)63}$

⑮ $4.84\overline{)242}$

❹ $1.24\overline{)31}$

❾ $4.05\overline{)81}$

⑯ $5.75\overline{)345}$

❺ $1.75\overline{)35}$

❿ $5.25\overline{)84}$

⑰ $6.25\overline{)450}$

🐡 계산해 보세요.

❶ $5 \div 1.25$

❷ $9 \div 2.25$

❸ $26 \div 3.25$

❹ $27 \div 1.35$

❺ $43 \div 2.15$

❻ $45 \div 2.25$

❼ $51 \div 1.02$

❽ $66 \div 1.32$

❾ $75 \div 1.25$

❿ $98 \div 2.45$

⓫ $117 \div 2.34$

⓬ $156 \div 3.12$

⓭ $296 \div 1.48$

⓮ $372 \div 1.24$

⓯ $552 \div 1.38$

⓰ $624 \div 3.12$

⓱ $690 \div 1.15$

⓲ $708 \div 2.36$

⓳ $792 \div 3.96$

⓴ $825 \div 2.75$

㉑ $890 \div 4.45$

🐡 계산해 보세요.

연산 Key

$$1.04\overline{)52} \;\Rightarrow\; 1.04\overline{)52.00}$$

$$\begin{array}{r} 50 \\ 1.04\overline{)52.00} \\ \underline{520} \\ 0 \end{array}$$

나누는 수가 소수 한 자리 수이면 소수점을 한 자리씩 옮기고, 나누는 수가 소수 두 자리 수이면 소수점을 두 자리씩 옮겨서 계산해요.

⑪ $0.08\overline{)24}$

⑫ $0.12\overline{)36}$

❶ $0.6\overline{)3}$

❻ $0.9\overline{)117}$

⑬ $1.14\overline{)57}$

❷ $1.2\overline{)6}$

❼ $1.2\overline{)210}$

⑭ $2.15\overline{)43}$

❸ $0.4\overline{)26}$

❽ $3.6\overline{)540}$

⑮ $0.09\overline{)252}$

❹ $1.4\overline{)21}$

❾ $4.8\overline{)720}$

⑯ $0.17\overline{)714}$

❺ $2.7\overline{)81}$

❿ $5.4\overline{)837}$

⑰ $3.36\overline{)672}$

(자연수)÷(소수) 계산하기

 계산해 보세요.

❶ 8 ÷ 0.2

❷ 12 ÷ 0.3

❸ 24 ÷ 0.5

❹ 52 ÷ 0.8

❺ 39 ÷ 1.3

❻ 63 ÷ 1.5

❼ 72 ÷ 1.8

❽ 288 ÷ 2.4

❾ 517 ÷ 4.7

❿ 990 ÷ 5.5

⓫ 4 ÷ 0.08

⓬ 36 ÷ 0.09

⓭ 30 ÷ 0.15

⓮ 105 ÷ 0.07

⓯ 192 ÷ 0.16

⓰ 512 ÷ 0.32

⓱ 126 ÷ 1.05

⓲ 107 ÷ 2.14

⓳ 252 ÷ 3.15

⓴ 824 ÷ 4.12

㉑ 981 ÷ 3.27

몫을 반올림하여 나타내기

(학습목표) 몫을 반올림하여 나타내는 법 익히기

8

원리 깨치기

❶ 몫을 반올림하여 일의 자리까지 나타내기
❷ 몫을 반올림하여 소수 첫째 자리까지 나타내기
❸ 몫을 반올림하여 소수 둘째 자리까지 나타내기

월 일	

 이해! 한번 더!

1÷3처럼 나눗셈의 몫이 나누어떨어지지 않으면 어떻게 해야 할까?
그럴 때는 반올림을 이용하여 어림한 값으로 나타낼 수 있어.
자, 이제 나누어떨어지지 않거나 복잡한 몫을 어림한 값으로 나타내는 법을 공부해 보자.

연산력 키우기

❶ DAY		맞은 개수 / 전체 문항
월 일		11
걸린시간 분 초		15
❷ DAY		맞은 개수 / 전체 문항
월 일		11
걸린시간 분 초		15
❸ DAY		맞은 개수 / 전체 문항
월 일		11
걸린시간 분 초		15
❹ DAY		맞은 개수 / 전체 문항
월 일		14
걸린시간 분 초		18
❺ DAY		맞은 개수 / 전체 문항
월 일		14
걸린시간 분 초		18

[2.8 ÷ 3의 계산]

몫이 간단한 소수로 구해지지 않을 경우 몫을 어림하여 나타낼 수 있습니다.

```
      0.9 3 3
3 ) 2.8 0 0
      2 7
      ─────
      1 0
        9
      ─────
        1 0
          9
        ─────
          1
```
↑ 오른쪽 끝에 0이 계속 있는 것으로 생각하고 계산해요.

➡ $2.8 \div 3 = 0.93\cdots$

❶ 몫을 반올림하여 일의 자리까지 나타내기

$2.8 \div 3 = 0.933\cdots$ ➡ 1

➡ 소수 첫째 자리 숫자가 9이므로 올립니다.

➡ 몫을 반올림하여 일의 자리까지 나타내면 1입니다.

❷ 몫을 반올림하여 소수 첫째 자리까지 나타내기

$2.8 \div 3 = 0.933\cdots$ ➡ 0.9

➡ 소수 둘째 자리 숫자가 3이므로 버립니다.

➡ 몫을 반올림하여 소수 첫째 자리까지 나타내면 0.9입니다.

❸ 몫을 반올림하여 소수 둘째 자리까지 나타내기

$2.8 \div 3 = 0.933\cdots$ ➡ 0.93

➡ 소수 셋째 자리 숫자가 3이므로 버립니다.

➡ 몫을 반올림하여 소수 둘째 자리까지 나타내면 0.93입니다.

연산 Key

구하려는 자리 바로 아래 자리의 숫자가

0, 1, 2, 3, 4 ➡ 버려요

5, 6, 7, 8, 9 ➡ 올려요

• 몫이 ■.●▲◆…일 때 반올림하여 나타내기

						어림한 몫
일의 자리까지 나타내기	➡	●가 0, 1, 2, 3, 4	➡	버려요	➡	■
		●가 5, 6, 7, 8, 9	➡	올려요	➡	(■ + 1)
소수 첫째 자리까지 나타내기	➡	▲가 0, 1, 2, 3, 4	➡	버려요	➡	■.●
		▲가 5, 6, 7, 8, 9	➡	올려요	➡	■.(● + 1)
소수 둘째 자리까지 나타내기	➡	◆가 0, 1, 2, 3, 4	➡	버려요	➡	■.●▲
		◆가 5, 6, 7, 8, 9	➡	올려요	➡	■.●(▲ + 1)

몫을 반올림하여 일의 자리까지 나타내기

🐡 몫을 반올림하여 일의 자리까지 나타내어 보세요.

연산 Key

$$
\begin{array}{r}
1.44 \\
5\overline{)7.2}
\end{array}
\Rightarrow (\quad 1 \quad)
$$

몫의 소수 첫째 자리 숫자가 0부터 4까지의 수이면 버리고, 5부터 9까지의 수이면 올림해요.

❼
$$
\begin{array}{r}
2.68\cdots \\
6\overline{)16.1}
\end{array}
$$
➡ (   )

❽
$$
\begin{array}{r}
3.52\cdots \\
11\overline{)38.8}
\end{array}
$$
➡ (   )

❶
$$
\begin{array}{r}
0.625 \\
8\overline{)5}
\end{array}
$$
➡ (   )

❹
$$
\begin{array}{r}
1.65 \\
4\overline{)6.6}
\end{array}
$$
➡ (   )

❾
$$
\begin{array}{r}
15.66\cdots \\
0.3\overline{)4.7}
\end{array}
$$
➡ (   )

❷
$$
\begin{array}{r}
1.44\cdots \\
9\overline{)13}
\end{array}
$$
➡ (   )

❺
$$
\begin{array}{r}
2.23\cdots \\
3\overline{)6.7}
\end{array}
$$
➡ (   )

❿
$$
\begin{array}{r}
8.32\cdots \\
3.4\overline{)28.3}
\end{array}
$$
➡ (   )

❸
$$
\begin{array}{r}
7.83\cdots \\
6\overline{)47}
\end{array}
$$
➡ (   )

❻
$$
\begin{array}{r}
0.67\cdots \\
7\overline{)4.7}
\end{array}
$$
➡ (   )

⓫
$$
\begin{array}{r}
6.93\cdots \\
8.3\overline{)57.6}
\end{array}
$$
➡ (   )

🐡 몫을 반올림하여 일의 자리까지 나타내어 보세요.

❶ 2$\overline{)7}$

➡ (   )

❷ 6$\overline{)8}$

➡ (   )

❸ 7$\overline{)18}$

➡ (   )

❹ 9$\overline{)58}$

➡ (   )

❺ 6$\overline{)8.2}$

➡ (   )

❻ 7$\overline{)9.7}$

➡ (   )

❼ 6$\overline{)34.4}$

➡ (   )

❽ 21$\overline{)42.1}$

➡ (   )

❾ 8$\overline{)63.7}$

➡ (   )

❿ 18$\overline{)81.4}$

➡ (   )

⓫ 0.9$\overline{)3.9}$

➡ (   )

⓬ 1.8$\overline{)4.4}$

➡ (   )

⓭ 2.2$\overline{)19.4}$

➡ (   )

⓮ 2.4$\overline{)3.57}$

➡ (   )

⓯ 3.5$\overline{)16.34}$

➡ (   )

소수 둘째 자리까지 몫을 구한 후 반올림해요.

몫을 반올림하여 소수 첫째 자리까지 나타내어 보세요.

연산 Key

$$7 \overline{)23.4} = 3.34\cdots \quad \Rightarrow \quad (\quad 3.3 \quad)$$

몫의 소수 둘째 자리 숫자가 0부터 4까지의 수이면 버리고, 5부터 9까지의 수이면 올림해요.

❶ $6 \overline{)1} = 0.16\cdots$
➡ (   )

❷ $7 \overline{)31} = 4.42\cdots$
➡ (   )

❸ $9 \overline{)25} = 2.77\cdots$
➡ (   )

❹ $9 \overline{)15.4} = 1.71\cdots$
➡ (   )

❺ $6 \overline{)22.7} = 3.78\cdots$
➡ (   )

❻ $7 \overline{)33.9} = 4.84\cdots$
➡ (   )

❼ $11 \overline{)41.3} = 3.75\cdots$
➡ (   )

❽ $0.6 \overline{)2.3} = 3.83\cdots$
➡ (   )

❾ $1.1 \overline{)5.6} = 5.09\cdots$
➡ (   )

❿ $3.4 \overline{)7.3} = 2.14\cdots$
➡ (   )

⓫ $3.8 \overline{)34.9} = 9.18\cdots$
➡ (   )

몫을 반올림하여 소수 첫째 자리까지 나타내어 보세요.

❶ 7)3

➡ (   )

❷ 3)8

➡ (   )

❸ 6)43

➡ (   )

❹ 9)58

➡ (   )

❺ 8)73

➡ (   )

❻ 8)6.7

➡ (   )

❼ 4)21.3

➡ (   )

❽ 7)41.7

➡ (   )

❾ 17)53.2

➡ (   )

❿ 16)86.9

➡ (   )

⓫ 0.3)3.2

➡ (   )

⓬ 1.3)4.2

➡ (   )

⓭ 2.3)9.1

➡ (   )

⓮ 2.6)41.25

➡ (   )

⓯ 3.7)75.46

➡ (   )

몫을 반올림하여 소수 둘째 자리까지 나타내기

소수 셋째 자리까지 몫을 구한 후 반올림해요.

🐡 몫을 반올림하여 소수 둘째 자리까지 나타내어 보세요.

연산 Key

$$13.166\cdots$$
$$0.6\overline{)7.9}$$ ➡ (13.17)

몫의 소수 셋째 자리 숫자가 0부터 4까지의 수이면 버리고, 5부터 9까지의 수이면 올림해요.

❼ $4.645\cdots$ $11\overline{)51.1}$
➡ (   )

❽ $16.333\cdots$ $0.3\overline{)4.9}$
➡ (   )

❶ $0.285\cdots$ $7\overline{)2}$
➡ (   )

❹ 0.5125 $8\overline{)4.1}$
➡ (   )

❾ $6.818\cdots$ $1.1\overline{)7.5}$
➡ (   )

❷ $12.333\cdots$ $3\overline{)37}$
➡ (   )

❺ $2.216\cdots$ $6\overline{)13.3}$
➡ (   )

❿ $3.833\cdots$ $2.4\overline{)9.2}$
➡ (   )

❸ $6.555\cdots$ $9\overline{)59}$
➡ (   )

❻ $12.433\cdots$ $3\overline{)37.3}$
➡ (   )

⓫ $6.358\cdots$ $3.9\overline{)24.8}$
➡ (   )

3 DAY 몫을 반올림하여 소수 둘째 자리까지 나타내기

🐡 몫을 반올림하여 소수 둘째 자리까지 나타내어 보세요.

❶ 9)7

➡ (   )

❷ 6)7

➡ (   )

❸ 6)6 7

➡ (   )

❹ 7)2 6

➡ (   )

❺ 9)8 3

➡ (   )

❻ 7)2.2

➡ (   )

❼ 3)5 3.2

➡ (   )

❽ 21)3 9.4

➡ (   )

❾ 32)7 6.3

➡ (   )

❿ 46)9 4.4

➡ (   )

⓫ 0.9)4.7

➡ (   )

⓬ 2.1)6.4

➡ (   )

⓭ 3.6)8.5

➡ (   )

⓮ 2.9)2 9.6 3

➡ (   )

⓯ 4.3)3 6.7 5

➡ (   )

몫을 반올림하여 나타내기(1)

구하려는 자리보다 한 자리 아래까지 몫을 구한 후 반올림해요.

몫을 반올림하여 주어진 자리까지 나타내어 보세요.

연산 Key

$$8 \div 9 = 0.888\cdots$$

일의 자리 ➡ (1)
소수 첫째 자리 ➡ (0.9)
소수 둘째 자리 ➡ (0.89)

몫을 주어진 자리까지 나타낼 때 일의 자리는 소수 첫째 자리에서, 소수 첫째 자리는 소수 둘째 자리에서, 소수 둘째 자리는 소수 셋째 자리에서 각각 반올림해요.

① $7 \div 3 = 2.333\cdots$

일의 자리 ➡ ( )

② $29 \div 3 = 9.666\cdots$

소수 첫째 자리 ➡ ( )

③ $59 \div 6 = 9.833\cdots$

소수 둘째 자리 ➡ ( )

④ $2.3 \div 7 = 0.328\cdots$

일의 자리 ➡ ( )

⑤ $5.7 \div 4 = 1.425$

소수 첫째 자리 ➡ ( )

⑥ $22.7 \div 8 = 2.8375$

소수 둘째 자리 ➡ ( )

⑦ $45.3 \div 7 = 6.471\cdots$

일의 자리 ➡ ( )

⑧ $38.4 \div 9 = 4.266\cdots$

소수 첫째 자리 ➡ ( )

⑨ $45.1 \div 21 = 2.147\cdots$

일의 자리 ➡ ( )

⑩ $56.4 \div 27 = 2.088\cdots$

소수 첫째 자리 ➡ ( )

⑪ $6.4 \div 0.6 = 10.666\cdots$

소수 둘째 자리 ➡ ( )

⑫ $23.4 \div 3.4 = 6.882\cdots$

소수 둘째 자리 ➡ ( )

⑬ $41.7 \div 3.1 = 13.451\cdots$

소수 첫째 자리 ➡ ( )

⑭ $69.2 \div 8.7 = 7.954\cdots$

소수 둘째 자리 ➡ ( )

몫을 반올림하여 나타내기(1)

🐡 몫을 반올림하여 주어진 자리까지 나타내어 보세요.

① $8 \div 3 = 2.666\cdots$

일의 자리 ➡ (　　　)

⑦ $24.9 \div 8 = 3.1125$

일의 자리 ➡ (　　　)

⑬ $19.7 \div 2.6 = 7.576\cdots$

일의 자리 ➡ (　　　)

② $4 \div 9 = 0.444\cdots$

소수 첫째 자리 ➡ (　　　)

⑧ $41.7 \div 4 = 10.425$

소수 첫째 자리 ➡ (　　　)

⑭ $31.6 \div 4.7 = 6.723\cdots$

소수 첫째 자리 ➡ (　　　)

③ $31 \div 7 = 4.428\cdots$

소수 둘째 자리 ➡ (　　　)

⑨ $27.6 \div 17 = 1.623\cdots$

소수 둘째 자리 ➡ (　　　)

⑮ $57.9 \div 4.3 = 13.465\cdots$

소수 둘째 자리 ➡ (　　　)

④ $82 \div 9 = 9.111\cdots$

일의 자리 ➡ (　　　)

⑩ $52.1 \div 15 = 3.473\cdots$

일의 자리 ➡ (　　　)

⑯ $26.34 \div 12.5 = 2.1072$

일의 자리 ➡ (　　　)

⑤ $3.8 \div 9 = 0.422\cdots$

소수 첫째 자리 ➡ (　　　)

⑪ $3.1 \div 0.6 = 5.166\cdots$

소수 첫째 자리 ➡ (　　　)

⑰ $44.49 \div 15.2 = 2.926\cdots$

소수 첫째 자리 ➡ (　　　)

⑥ $7.1 \div 6 = 1.183\cdots$

소수 둘째 자리 ➡ (　　　)

⑫ $7.9 \div 0.7 = 11.285\cdots$

소수 둘째 자리 ➡ (　　　)

⑱ $78.65 \div 1.8 = 43.694\cdots$

소수 둘째 자리 ➡ (　　　)

🐡 몫을 반올림하여 주어진 자리까지 나타내어 보세요.

연산 Key

$$4 \div 7 \quad \Rightarrow \quad 0.5714\cdots$$

일의 자리 ➡ (1)
소수 첫째 자리 ➡ (0.6)
소수 둘째 자리 ➡ (0.57)

주어진 나눗셈을 한 다음, 구하려는 자리 바로 아래의 숫자가 0부터 4까지의 수이면 버리고, 5부터 9까지의 수이면 올림하여 구해요.

❶ $6 \div 8$

일의 자리 ➡ ( )

❷ $16 \div 3$

소수 첫째 자리 ➡ ( )

❸ $49.6 \div 6$

소수 둘째 자리 ➡ ( )

❹ $2.5 \div 3$

일의 자리 ➡ ( )

❺ $7.6 \div 7$

소수 첫째 자리 ➡ ( )

❻ $31.3 \div 9$

소수 둘째 자리 ➡ ( )

❼ $52.7 \div 8$

일의 자리 ➡ ( )

❽ $41.7 \div 11$

소수 첫째 자리 ➡ ( )

❾ $61.7 \div 31$

소수 둘째 자리 ➡ ( )

❿ $6.9 \div 0.7$

일의 자리 ➡ ( )

⓫ $8.3 \div 2.6$

소수 첫째 자리 ➡ ( )

⓬ $9.1 \div 3.4$

소수 둘째 자리 ➡ ( )

⓭ $15.6 \div 1.7$

소수 첫째 자리 ➡ ( )

⓮ $36.4 \div 2.9$

소수 둘째 자리 ➡ ( )

몫을 반올림하여 나타내기(2)

🐡 몫을 반올림하여 주어진 자리까지 나타내어 보세요.

❶ 5 ÷ 3

일의 자리 ➡ (   )

❷ 11 ÷ 7

소수 첫째 자리 ➡ (   )

❸ 27 ÷ 8

소수 둘째 자리 ➡ (   )

❹ 71 ÷ 6

일의 자리 ➡ (   )

❺ 32.7 ÷ 9

소수 첫째 자리 ➡ (   )

❻ 3.1 ÷ 7

소수 둘째 자리 ➡ (   )

❼ 28.9 ÷ 6

일의 자리 ➡ (   )

❽ 47.3 ÷ 4

소수 첫째 자리 ➡ (   )

❾ 37.2 ÷ 14

소수 둘째 자리 ➡ (   )

❿ 63.7 ÷ 24

일의 자리 ➡ (   )

⓫ 4.8 ÷ 0.7

소수 첫째 자리 ➡ (   )

⓬ 8.3 ÷ 0.6

소수 둘째 자리 ➡ (   )

⓭ 23.7 ÷ 2.1

일의 자리 ➡ (   )

⓮ 31.8 ÷ 3.1

소수 첫째 자리 ➡ (   )

⓯ 52.9 ÷ 2.6

소수 둘째 자리 ➡ (   )

⓰ 37.12 ÷ 5.5

일의 자리 ➡ (   )

⓱ 54.34 ÷ 2.8

소수 첫째 자리 ➡ (   )

⓲ 96.45 ÷ 3.3

소수 둘째 자리 ➡ (   )

$3 : 4 \Rightarrow \dfrac{3}{4}$ 우린 같아.

9

$\times 2 \downarrow \div 2 \quad \times 2 \downarrow \div 2$

$6 : 8 \Rightarrow \dfrac{6}{8} = \dfrac{3}{4}$

비례식과 비례배분(1)

학습목표 1. 비의 성질 알아보기
2. 간단한 자연수의 비로 나타내는 법 익히기

원리 깨치기

❶ 비의 성질
❷ 간단한 자연수의 비로 나타내기

월   일

 이해!   한번 더!

비의 성질에는 어떤 것이 있을까? 또 분수나 소수의 비를 간단한 자연수의 비로 어떻게 나타낼 수 있을까?
자! 그럼, 비의 성질과 비를 간단한 자연수의 비로 나타내는 방법을 공부해 보자.

연산력 키우기

❶ DAY		맞은 개수	
			전체 문항
월	일		9
걸린시간 분	초		12
❷ DAY		맞은 개수	
			전체 문항
월	일		15
걸린시간 분	초		16
❸ DAY		맞은 개수	
			전체 문항
월	일		14
걸린시간 분	초		16
❹ DAY		맞은 개수	
			전체 문항
월	일		13
걸린시간 분	초		16
❺ DAY		맞은 개수	
			전체 문항
월	일		13
걸린시간 분	초		16

❶ 비의 성질

비 2 : 3에서 기호 ‘:’ 앞에 있는 **2**를 **전항**, 뒤에 있는 **3**을 **후항**이라고 합니다.

[비의 성질 ①]

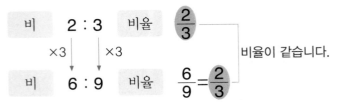

비의 전항과 후항에 **0이 아닌 같은 수를 곱하여도** 비율은 같습니다.

[비의 성질 ②]

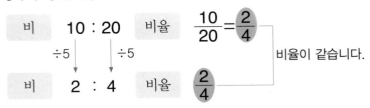

비의 전항과 후항을 **0이 아닌 같은 수로 나누어도** 비율은 같습니다.

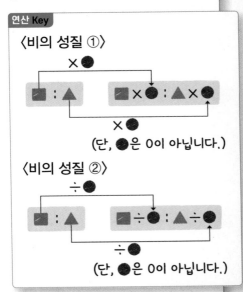

❷ 간단한 자연수의 비로 나타내기

[(자연수) : (자연수)]

➡ 비의 전항과 후항을 두 수의 **최대공약수로 나누어** 간단한 자연수의 비로 나타냅니다.

[(소수) : (소수)]

➡ 비의 전항과 후항에 소수의 자릿수에 따라 10, 100, 1000······을 곱하여 간단한 자연수의 비로 나타냅니다.

[(분수) : (분수)]

➡ 비의 전항과 후항에 두 분모의 **최소공배수를 곱하여** 간단한 자연수의 비로 나타냅니다.

[(분수) : (소수) 또는 (소수) : (분수)]

➡ 전항과 후항이 **모두 소수 또는 분수가 되도록** 고친 다음 간단한 자연수의 비로 나타냅니다.

🐡 비의 성질을 이용하여 비율이 같은 비를 만들려고 합니다. ☐ 안에 알맞은 수를 써넣으세요.

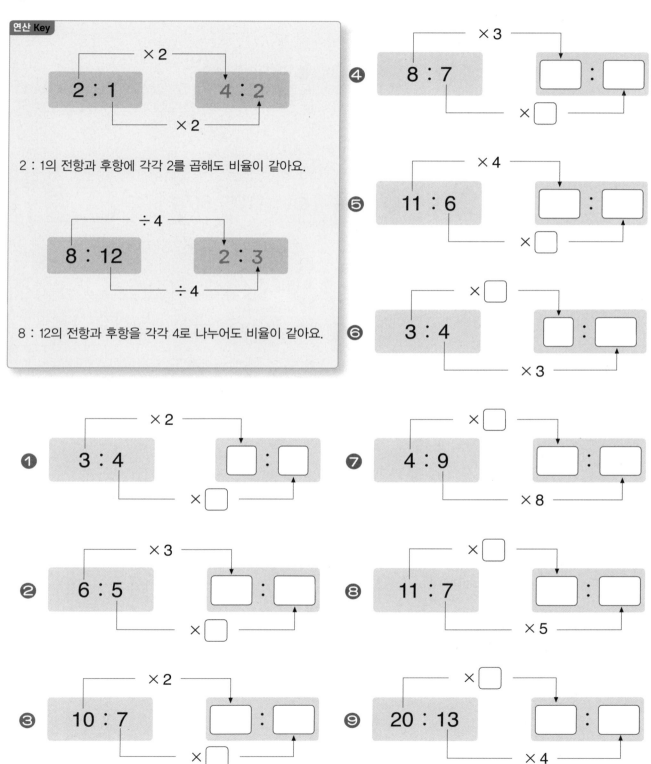

연산 Key

×2
2 : 1 → 4 : 2
×2

2 : 1의 전항과 후항에 각각 2를 곱해도 비율이 같아요.

÷4
8 : 12 → 2 : 3
÷4

8 : 12의 전항과 후항을 각각 4로 나누어도 비율이 같아요.

❹ ×3
8 : 7 → ☐ : ☐
×☐

❺ ×4
11 : 6 → ☐ : ☐
×☐

❻ ×☐
3 : 4 → ☐ : ☐
×3

❶ ×2
3 : 4 → ☐ : ☐
×☐

❷ ×3
6 : 5 → ☐ : ☐
×☐

❸ ×2
10 : 7 → ☐ : ☐
×☐

❼ ×☐
4 : 9 → ☐ : ☐
×8

❽ ×☐
11 : 7 → ☐ : ☐
×5

❾ ×☐
20 : 13 → ☐ : ☐
×4

1 DAY 비의 성질

비의 성질을 이용하여 비율이 같은 비를 만들려고 합니다. ☐ 안에 알맞은 수를 써넣으세요.

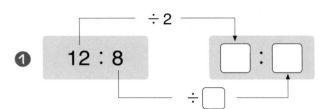

❶ 12 : 8 ÷2, ÷☐ → ☐ : ☐

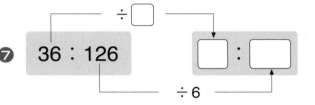

❼ 36 : 126 ÷☐, ÷6 → ☐ : ☐

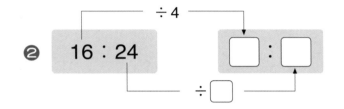

❷ 16 : 24 ÷4, ÷☐ → ☐ : ☐

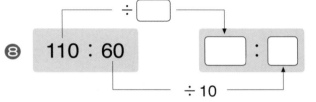

❽ 110 : 60 ÷☐, ÷10 → ☐ : ☐

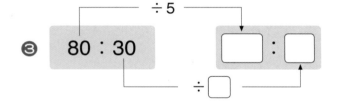

❸ 80 : 30 ÷5, ÷☐ → ☐ : ☐

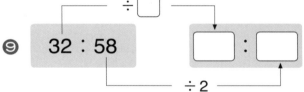

❾ 32 : 58 ÷☐, ÷2 → ☐ : ☐

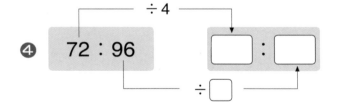

❹ 72 : 96 ÷4, ÷☐ → ☐ : ☐

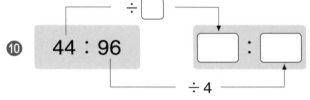

❿ 44 : 96 ÷☐, ÷4 → ☐ : ☐

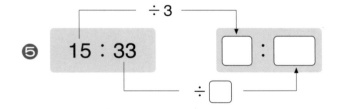

❺ 15 : 33 ÷3, ÷☐ → ☐ : ☐

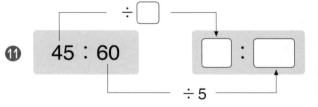

⓫ 45 : 60 ÷☐, ÷5 → ☐ : ☐

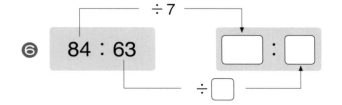

❻ 84 : 63 ÷7, ÷☐ → ☐ : ☐

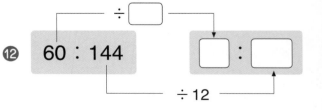

⓬ 60 : 144 ÷☐, ÷12 → ☐ : ☐

108 만점왕 연산 ⓬단계

🐡 간단한 자연수의 비로 나타내어 보세요.

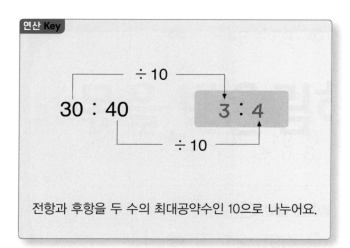

연산 Key

$$30 : 40 \xrightarrow{\div 10} 3 : 4$$

전항과 후항을 두 수의 최대공약수인 10으로 나누어요.

❼ 36 : 8 ➡ ☐ : ☐

❽ 64 : 6 ➡ ☐ : ☐

❾ 34 : 12 ➡ ☐ : ☐

❶ 4 : 8 ➡ ☐ : ☐

❷ 6 : 15 ➡ ☐ : ☐

❸ 8 : 36 ➡ ☐ : ☐

❹ 6 : 66 ➡ ☐ : ☐

❺ 9 : 72 ➡ ☐ : ☐

❻ 10 : 25 ➡ ☐ : ☐

❿ 24 : 15 ➡ ☐ : ☐

⓫ 42 : 7 ➡ ☐ : ☐

⓬ 36 : 24 ➡ ☐ : ☐

⓭ 21 : 9 ➡ ☐ : ☐

⓮ 30 : 8 ➡ ☐ : ☐

⓯ 136 : 96 ➡ ☐ : ☐

간단한 자연수의 비로 나타내어 보세요.

❶ 18 : 40 ➡ ☐ : ☐

❷ 20 : 32 ➡ ☐ : ☐

❸ 18 : 38 ➡ ☐ : ☐

❹ 45 : 85 ➡ ☐ : ☐

❺ 15 : 60 ➡ ☐ : ☐

❻ 51 : 17 ➡ ☐ : ☐

❼ 8 : 124 ➡ ☐ : ☐

❽ 36 : 126 ➡ ☐ : ☐

❾ 63 : 84 ➡ ☐ : ☐

❿ 94 : 20 ➡ ☐ : ☐

⓫ 60 : 21 ➡ ☐ : ☐

⓬ 28 : 12 ➡ ☐ : ☐

⓭ 70 : 64 ➡ ☐ : ☐

⓮ 250 : 185 ➡ ☐ : ☐

⓯ 70 : 42 ➡ ☐ : ☐

⓰ 186 : 252 ➡ ☐ : ☐

간단한 자연수의 비로 나타내어 보세요.

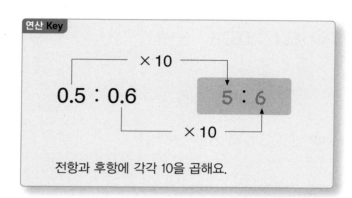

연산 Key

×10

0.5 : 0.6 → 5 : 6

×10

전항과 후항에 각각 10을 곱해요.

❼ 0.05 : 0.03 ➡ ☐ : ☐

❽ 0.02 : 0.03 ➡ ☐ : ☐

❶ 0.1 : 0.3 ➡ ☐ : ☐

❷ 0.2 : 0.5 ➡ ☐ : ☐

❸ 0.4 : 0.3 ➡ ☐ : ☐

❹ 0.9 : 0.4 ➡ ☐ : ☐

❺ 1.2 : 0.7 ➡ ☐ : ☐

❻ 0.06 : 0.18 ➡ ☐ : ☐

❾ 0.04 : 0.15 ➡ ☐ : ☐

❿ 0.38 : 0.19 ➡ ☐ : ☐

⓫ 0.24 : 0.72 ➡ ☐ : ☐

⓬ 0.84 : 0.36 ➡ ☐ : ☐

⓭ 1.04 : 1.16 ➡ ☐ : ☐

⓮ 3.12 : 9.36 ➡ ☐ : ☐

간단한 자연수의 비로 나타내어 보세요.

❶ 0.4 : 1.24 ➡ ☐ : ☐

❷ 0.07 : 3.5 ➡ ☐ : ☐

❸ 0.36 : 8.1 ➡ ☐ : ☐

❹ 0.14 : 0.7 ➡ ☐ : ☐

❺ 0.24 : 7.2 ➡ ☐ : ☐

❻ 3.15 : 0.5 ➡ ☐ : ☐

❼ 6.4 : 0.56 ➡ ☐ : ☐

❽ 2.5 : 0.05 ➡ ☐ : ☐

❾ 8.1 : 0.36 ➡ ☐ : ☐

❿ 0.03 : 1.8 ➡ ☐ : ☐

⓫ 0.3 : 2.22 ➡ ☐ : ☐

⓬ 1.24 : 0.4 ➡ ☐ : ☐

⓭ 2.1 : 0.09 ➡ ☐ : ☐

⓮ 2.2 : 0.36 ➡ ☐ : ☐

⓯ 3.4 : 1.24 ➡ ☐ : ☐

⓰ 2.08 : 5.6 ➡ ☐ : ☐

🐡 간단한 자연수의 비로 나타내어 보세요.

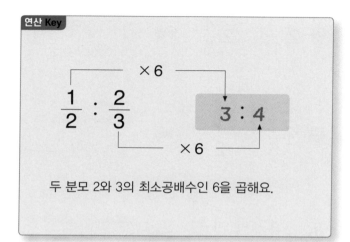

연산 Key

$$\frac{1}{2} : \frac{2}{3} \xrightarrow{\times 6} 3 : 4$$

두 분모 2와 3의 최소공배수인 6을 곱해요.

⑥ $\frac{8}{3} : \frac{3}{4}$ ➡ ☐ : ☐

⑦ $\frac{9}{4} : \frac{2}{5}$ ➡ ☐ : ☐

⑧ $\frac{3}{5} : \frac{12}{7}$ ➡ ☐ : ☐

❶ $\frac{2}{3} : \frac{1}{5}$ ➡ ☐ : ☐

❷ $\frac{3}{4} : \frac{1}{2}$ ➡ ☐ : ☐

❸ $\frac{1}{5} : \frac{1}{3}$ ➡ ☐ : ☐

❹ $\frac{3}{7} : \frac{1}{2}$ ➡ ☐ : ☐

❺ $\frac{8}{9} : \frac{3}{4}$ ➡ ☐ : ☐

⑨ $\frac{1}{6} : \frac{15}{8}$ ➡ ☐ : ☐

⑩ $\frac{5}{7} : \frac{14}{5}$ ➡ ☐ : ☐

⑪ $\frac{3}{8} : \frac{11}{9}$ ➡ ☐ : ☐

⑫ $\frac{2}{9} : \frac{17}{6}$ ➡ ☐ : ☐

⑬ $\frac{16}{9} : \frac{13}{12}$ ➡ ☐ : ☐

분수의 비를 간단한 자연수의 비로 나타내기

🐡 간단한 자연수의 비로 나타내어 보세요.

❶ $1\frac{1}{2} : \frac{2}{3}$ ➡ $\square : \square$

❷ $4\frac{1}{2} : 3\frac{2}{5}$ ➡ $\square : \square$

❸ $\frac{8}{15} : 1\frac{1}{10}$ ➡ $\square : \square$

❹ $2\frac{1}{2} : \frac{2}{3}$ ➡ $\square : \square$

❺ $\frac{7}{9} : 3\frac{1}{3}$ ➡ $\square : \square$

❻ $1\frac{1}{2} : \frac{5}{4}$ ➡ $\square : \square$

❼ $4\frac{2}{5} : \frac{11}{6}$ ➡ $\square : \square$

❽ $1\frac{6}{7} : \frac{15}{8}$ ➡ $\square : \square$

❾ $2\frac{1}{10} : 2\frac{4}{5}$ ➡ $\square : \square$

❿ $3\frac{1}{5} : 1\frac{1}{2}$ ➡ $\square : \square$

⓫ $4\frac{1}{3} : 5\frac{1}{2}$ ➡ $\square : \square$

⓬ $3\frac{1}{9} : 1\frac{1}{6}$ ➡ $\square : \square$

⓭ $1\frac{5}{7} : 2\frac{2}{3}$ ➡ $\square : \square$

⓮ $2\frac{3}{8} : 1\frac{3}{4}$ ➡ $\square : \square$

⓯ $1\frac{5}{12} : 2\frac{5}{6}$ ➡ $\square : \square$

⓰ $1\frac{3}{5} : 2\frac{3}{8}$ ➡ $\square : \square$

🐡 간단한 자연수의 비로 나타내어 보세요.

연산 Key

$0.3 : \dfrac{1}{5}$을 간단한 자연수의 비로 나타내기

$$0.3 : 0.2 \xrightarrow{\times 10} 3 : 2$$

후항의 $\dfrac{1}{5}$을 소수로 바꾼 후 자연수의 비로 나타내요.

$$\dfrac{3}{10} : \dfrac{1}{5} \xrightarrow{\times 10} 3 : 2$$

전항의 0.3을 분수로 바꾼 후 자연수의 비로 나타내요.

⑤ $\dfrac{3}{8} : 1.2$ ➡ ☐ : ☐

⑥ $2.4 : \dfrac{1}{5}$ ➡ ☐ : ☐

➐ $1.2 : \dfrac{5}{12}$ ➡ ☐ : ☐

⑧ $1.05 : \dfrac{11}{20}$ ➡ ☐ : ☐

⑨ $1.5 : \dfrac{2}{9}$ ➡ ☐ : ☐

❶ $\dfrac{1}{4} : 0.2$ ➡ ☐ : ☐

❷ $\dfrac{1}{5} : 0.3$ ➡ ☐ : ☐

❸ $\dfrac{9}{20} : 0.5$ ➡ ☐ : ☐

❹ $\dfrac{3}{4} : 1.6$ ➡ ☐ : ☐

⑩ $0.5 : \dfrac{7}{8}$ ➡ ☐ : ☐

⑪ $1.8 : \dfrac{15}{16}$ ➡ ☐ : ☐

⑫ $1.4 : \dfrac{5}{9}$ ➡ ☐ : ☐

⑬ $0.35 : \dfrac{5}{6}$ ➡ ☐ : ☐

간단한 자연수의 비로 나타내어 보세요.

❶ $3\frac{1}{4} : 1.2$ ➡ ☐ : ☐

❷ $2\frac{2}{5} : 0.15$ ➡ ☐ : ☐

❸ $2\frac{2}{3} : 2.7$ ➡ ☐ : ☐

❹ $2\frac{1}{4} : 1.92$ ➡ ☐ : ☐

❺ $1\frac{2}{3} : 2.1$ ➡ ☐ : ☐

❻ $3\frac{2}{5} : 0.25$ ➡ ☐ : ☐

❼ $4\frac{1}{4} : 2.6$ ➡ ☐ : ☐

❽ $5\frac{1}{2} : 1.5$ ➡ ☐ : ☐

❾ $2.45 : 4\frac{2}{5}$ ➡ ☐ : ☐

❿ $1.75 : 5\frac{1}{4}$ ➡ ☐ : ☐

⓫ $5.22 : 2\frac{1}{10}$ ➡ ☐ : ☐

⓬ $3.24 : 4\frac{1}{2}$ ➡ ☐ : ☐

⓭ $1.2 : 1\frac{3}{4}$ ➡ ☐ : ☐

⓮ $2.45 : 1\frac{1}{4}$ ➡ ☐ : ☐

⓯ $1.25 : 3\frac{1}{4}$ ➡ ☐ : ☐

⓰ $4.85 : 1\frac{3}{5}$ ➡ ☐ : ☐

10

2 : 3 4 : 6

내가 있어야 비례식!

비례식과 비례배분(2)

학습목표 1. 비례식 알아보기
2. 비례배분 익히기

원리 깨치기

❶ 비례식
❷ 비례배분

월   일

이해!   한번 더!

비례식은 무엇일까? 또 비례배분은 어떻게 할 수 있을까?
자! 그럼, 비례식과 비례배분하는 법을 공부해 보자.

연산력 키우기

❶ DAY	맞은 개수 / 전체 문항
월 일	12
걸린시간 분 초	14

❷ DAY	맞은 개수 / 전체 문항
월 일	15
걸린시간 분 초	16

❸ DAY	맞은 개수 / 전체 문항
월 일	15
걸린시간 분 초	16

❹ DAY	맞은 개수 / 전체 문항
월 일	13
걸린시간 분 초	16

❺ DAY	맞은 개수 / 전체 문항
월 일	15
걸린시간 분 초	16

❶ 비례식

비율이 같은 두 비를 기호 '='를 사용하여 나타낸 식을 **비례식**이라고 합니다.

[외항과 내항]

비례식 2 : 3=6 : 9에서 바깥쪽에 있는 2와 9를 **외항**, 안쪽에 있는 3과 6을 **내항**이라고 합니다.

[비례식의 성질]

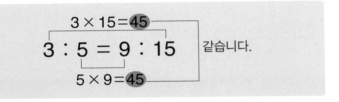

3 : 5 = 9 : 15   같습니다.

$$3 \times 15 = 45$$
$$5 \times 9 = 45$$

비례식에서 외항의 곱과 내항의 곱은 같습니다.

연산 Key
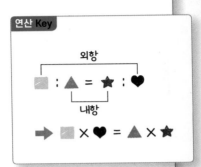

❷ 비례배분

전체를 주어진 비로 배분하는 것을 **비례배분**이라고 합니다.

[36을 4 : 5로 비례배분하기]

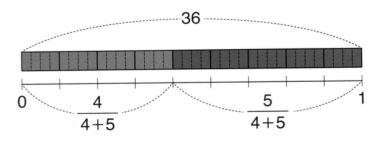

$$36 \times \frac{4}{4+5} = 36 \times \frac{4}{9} = 16$$

$$36 \times \frac{5}{4+5} = 36 \times \frac{5}{9} = 20$$

➡ 36을 4 : 5로 비례배분하면 16과 20입니다.

연산 Key
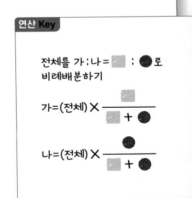

연산력
키우기
1
DAY
비례식 알아보기

비례식에서 바깥쪽에
있는 항이 외항, 안쪽에
있는 항이 내항이에요.

🐡 비례식에서 외항과 내항을 각각 쓰세요.

연산 Key

외항
내항

$3 : 4 = 6 : 8$

전항 후항 전항 후항

❶ $2 : 3 = 4 : 6$

외항　　（　　　　　　　　　）

내항　　（　　　　　　　　　）

❷ $1 : 2 = 4 : 8$

외항　　（　　　　　　　　　）

내항　　（　　　　　　　　　）

❸ $12 : 4 = 3 : 1$

외항　　（　　　　　　　　　）

내항　　（　　　　　　　　　）

❹ $9 : 18 = 4 : 8$

외항　　（　　　　　　　　　）

내항　　（　　　　　　　　　）

❺ $6 : 8 = 9 : 12$

외항　　（　　　　　　　　　）

내항　　（　　　　　　　　　）

❻ $7 : 2 = 21 : 6$

외항　　（　　　　　　　　　）

내항　　（　　　　　　　　　）

❼ $0.9 : 1.2 = 3 : 4$

외항　　（　　　　　　　　　）

내항　　（　　　　　　　　　）

❽ $8 : 2 = 2.4 : 0.6$

외항　　（　　　　　　　　　）

내항　　（　　　　　　　　　）

❾ $1.2 : 2.1 = 4 : 7$

외항　　（　　　　　　　　　）

내항　　（　　　　　　　　　）

❿ $7 : 3 = 2.1 : 0.9$

외항　　（　　　　　　　　　）

내항　　（　　　　　　　　　）

⓫ $5 : 7 = 2.5 : 3.5$

외항　　（　　　　　　　　　）

내항　　（　　　　　　　　　）

⓬ $\dfrac{2}{5} : \dfrac{1}{2} = 4 : 5$

외항　　（　　　　　　　　　）

내항　　（　　　　　　　　　）

🐡 비례식에서 외항의 곱과 내항의 곱을 구하세요.

1 $7 : 14 = 4 : 8$

외항의 곱 (   )
내항의 곱 (   )

2 $3 : 4 = 6 : 8$

외항의 곱 (   )
내항의 곱 (   )

3 $10 : 5 = 5 : 2.5$

외항의 곱 (   )
내항의 곱 (   )

4 $9 : 6 = 18 : 12$

외항의 곱 (   )
내항의 곱 (   )

5 $7 : 6 = 21 : 18$

외항의 곱 (   )
내항의 곱 (   )

6 $6 : 7 = 24 : 28$

외항의 곱 (   )
내항의 곱 (   )

7 $16 : 24 = 8 : 12$

외항의 곱 (   )
내항의 곱 (   )

8 $9 : 8 = \dfrac{1}{2} : \dfrac{4}{9}$

외항의 곱 (   )
내항의 곱 (   )

9 $0.1 : 0.3 = 10 : 30$

외항의 곱 (   )
내항의 곱 (   )

10 $0.8 : 1.8 = 4 : 9$

외항의 곱 (   )
내항의 곱 (   )

11 $1.2 : 0.3 = 8 : 2$

외항의 곱 (   )
내항의 곱 (   )

12 $5 : 1.2 = 6 : 1.44$

외항의 곱 (   )
내항의 곱 (   )

13 $6 : 4.2 = 1 : 0.7$

외항의 곱 (   )
내항의 곱 (   )

14 $0.8 : 2 = 1.2 : 3$

외항의 곱 (   )
내항의 곱 (   )

🐡 비례식의 성질을 이용하여 ☐ 안에 알맞은 수를 써넣으세요.

연산 Key

$$5 \times \boxed{}$$

$$5 : 3 = 10 : \boxed{6}$$

$$3 \times 10$$

비례식에서 외항의 곱 $5 \times \boxed{}$와 내항의 곱 3×10이 같으므로 $\boxed{} = 6$이에요.

❼ $15 : 35 = 3 : \boxed{}$

❽ $20 : 24 = 5 : \boxed{}$

❾ $14 : 21 = 4 : \boxed{}$

❶ $5 : 15 = \boxed{} : 30$

❿ $16 : 4 = 76 : \boxed{}$

❷ $6 : 4 = \boxed{} : 8$

⓫ $64 : 16 = 32 : \boxed{}$

❸ $2 : 3 = \boxed{} : 12$

⓬ $48 : 8 = 36 : \boxed{}$

❹ $3 : 4 = \boxed{} : 24$

⓭ $10 : 18 = 5 : \boxed{}$

❺ $7 : 5 = \boxed{} : 15$

⓮ $15 : 12 = 90 : \boxed{}$

❻ $6 : 27 = \boxed{} : 9$

⓯ $54 : 24 = 18 : \boxed{}$

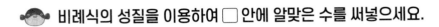 비례식의 성질을 이용하여 ☐ 안에 알맞은 수를 써넣으세요.

❶ $3 : \boxed{} = 2 : 3$

❷ $\dfrac{1}{2} : \boxed{} = 4 : 8$

❸ $1\dfrac{2}{5} : \boxed{} = 2.1 : 1.2$

❹ $\dfrac{2}{3} : \boxed{} = 12 : 15$

❺ $3\dfrac{1}{3} : \boxed{} = 10 : 3$

❻ $2\dfrac{4}{5} : \boxed{} = 1.4 : 10$

❼ $5\dfrac{1}{2} : \boxed{} = 1.1 : 15$

❽ $\dfrac{6}{25} : \boxed{} = 4 : 2.5$

❾ $\boxed{} : 5.2 = 5 : 4$

❿ $\boxed{} : 0.08 = 20 : 2.5$

⓫ $\boxed{} : 5 = 4 : 2\dfrac{1}{2}$

⓬ $\boxed{} : 0.27 = 10 : 0.3$

⓭ $\boxed{} : 0.04 = 8 : \dfrac{1}{4}$

⓮ $\boxed{} : 10 = \dfrac{3}{5} : \dfrac{1}{4}$

⓯ $\boxed{} : 5 = 0.6 : 1.5$

⓰ $\boxed{} : 2.5 = \dfrac{2}{5} : 1\dfrac{1}{2}$

비의 성질을 이용하여 비례식 풀기

비의 성질을 이용하여 □ 안에 알맞은 수를 써넣으세요.

연산 Key

$$8 : 5 = \boxed{24} : 15$$

$\times 3$ (전항과 후항에 각각 $\times 3$)

전항과 후항에 0이 아닌 같은 수인 3을 곱해 주면 □=24예요.

① $3 : 2 = \boxed{} : 10$

② $8 : 7 = \boxed{} : 14$

③ $25 : 15 = \boxed{} : 12$

④ $24 : 18 = \boxed{} : 24$

⑤ $22 : 11 = \boxed{} : 10$

⑥ $36 : 24 = \boxed{} : 48$

❼ $6 : 8 = 3 : \boxed{}$

❽ $3 : 11 = 6 : \boxed{}$

❾ $60 : 24 = 40 : \boxed{}$

⑩ $5 : 25 = 4 : \boxed{}$

⑪ $4 : 7 = 20 : \boxed{}$

⑫ $24 : 66 = 8 : \boxed{}$

⑬ $3 : 20 = 9 : \boxed{}$

⑭ $124 : 16 = 93 : \boxed{}$

⑮ $35 : 25 = 21 : \boxed{}$

🐡 비의 성질을 이용하여 ☐ 안에 알맞은 수를 써넣으세요.

❶ $5 : \boxed{} = 6 : 1.2$

❷ $\dfrac{2}{5} : \boxed{} = 8 : 5$

❸ $0.9 : \boxed{} = 6 : 3$

❹ $6.3 : \boxed{} = 9 : 7$

❺ $\dfrac{1}{2} : \boxed{} = 1.2 : 16$

❻ $2\dfrac{3}{4} : \boxed{} = 1.1 : 2$

❼ $12 : \boxed{} = \dfrac{2}{15} : \dfrac{1}{4}$

❽ $1\dfrac{4}{15} : \boxed{} = 0.8 : 15$

❾ $\boxed{} : 1.8 = 5 : 9$

❿ $\boxed{} : \dfrac{2}{3} = 2 : 1$

⓫ $\boxed{} : 150 = 0.4 : 3$

⓬ $\boxed{} : 3\dfrac{1}{5} = 10 : 16$

⓭ $\boxed{} : 1.45 = 5 : 1.5$

⓮ $\boxed{} : 12 = 1\dfrac{1}{2} : 2\dfrac{2}{3}$

⓯ $\boxed{} : 2\dfrac{1}{6} = 6 : 6\dfrac{1}{2}$

⓰ $\boxed{} : 0.3 = 2.4 : 0.6$

전체를 주어진 비로 비례배분해요.

■ 안의 수를 주어진 비로 나누어 [,]안에 써 보세요.

연산 Key

15를 3 : 2로 비례배분하면

$$15 \times \frac{3}{3+2} = 15 \times \frac{3}{5} = 9$$

$$15 \times \frac{2}{3+2} = 15 \times \frac{2}{5} = 6$$

으로 나눌 수 있어요.

❻ 88 3 : 5 ➡ [,]

❼ 130 7 : 6 ➡ [,]

❽ 144 5 : 11 ➡ [,]

❶ 30 2 : 1 ➡ [,]

❷ 45 6 : 3 ➡ [,]

❸ 50 1 : 4 ➡ [,]

❹ 48 5 : 7 ➡ [,]

❺ 55 5 : 6 ➡ [,]

❾ 200 12 : 13 ➡ [,]

❿ 300 15 : 5 ➡ [,]

⓫ 225 11 : 14 ➡ [,]

⓬ 100 12 : 13 ➡ [,]

⓭ 96 5 : 1 ➡ [,]

🐡 ■ 안의 수를 주어진 비로 나누어 [,] 안에 써 보세요.

❶ 6   1 : 2   ➡ [,   ]   ❾ 60   2 : 3   ➡ [,   ]

❷ 10   3 : 2   ➡ [,   ]   ❿ 90   1 : 5   ➡ [,   ]

❸ 25   1 : 4   ➡ [,   ]   ⓫ 55   6 : 5   ➡ [,   ]

❹ 80   3 : 5   ➡ [,   ]   ⓬ 64   5 : 11   ➡ [,   ]

❺ 99   9 : 2   ➡ [,   ]   ⓭ 124   1 : 3   ➡ [,   ]

❻ 150   2 : 1   ➡ [,   ]   ⓮ 162   7 : 11   ➡ [,   ]

❼ 200   3 : 2   ➡ [,   ]   ⓯ 324   7 : 5   ➡ [,   ]

❽ 396   5 : 7   ➡ [,   ]   ⓰ 640   27 : 13   ➡ [,   ]

비례식과 비례배분을 풀어 보아요.

□ 안에 알맞은 수를 써넣으세요.

연산 Key

$$2 : 3 = 10 : \boxed{15}$$

$2 \times \square$ 3×10

비례식에서 외항의 곱 2×□와 내항의 곱 3×10이 같으므로 □=15예요.

$$6 : 5 = \boxed{24} : 20$$

$\times 4$

전항과 후항에 0이 아닌 같은 수인 4를 곱해 주면 □=24예요.

① $6 : 7 = \square : 14$

② $5 : 8 = \square : 24$

③ $10 : 14 = \square : 21$

④ $12 : \square = 24 : 15$

⑤ $12 : \square = 32 : 48$

⑥ $18 : \square = 2.4 : 0.5$

⑦ $18 : 15 = 12 : \square$

⑧ $36 : 27 = 6 : \square$

⑨ $55 : 44 = 5 : \square$

⑩ $9 : 2\frac{1}{2} = 4 : \square$

⑪ $5.6 : 3 = 7 : \square$

⑫ $\square : 16 = 10 : 18$

⑬ $\square : 63 = \frac{2}{45} : 0.35$

⑭ $\square : \frac{9}{10} = 1 : 0.05$

⑮ $\square : 5\frac{1}{2} = 9 : 5$

🐡 ■ 안의 수를 주어진 비로 나누어 [,]안에 써 보세요.

❶ 9 2 : 1 ➡ [,   ] ❾ 140 15 : 13 ➡ [,   ]

❷ 15 1 : 2 ➡ [,   ] ❿ 510 19 : 15 ➡ [,   ]

❸ 40 3 : 2 ➡ [,   ] ⓫ 600 23 : 17 ➡ [,   ]

❹ 88 1 : 10 ➡ [,   ] ⓬ 888 5 : 3 ➡ [,   ]

❺ 35 5 : 2 ➡ [,   ] ⓭ 345 11 : 12 ➡ [,   ]

❻ 120 7 : 5 ➡ [,   ] ⓮ 175 2 : 3 ➡ [,   ]

❼ 200 11 : 9 ➡ [,   ] ⓯ 70 4 : 3 ➡ [,   ]

❽ 250 12 : 13 ➡ [,   ] ⓰ 360 13 : 11 ➡ [,   ]

정답

만점왕 연산 12단계

1 (진분수)÷(진분수)(1)

1 DAY 분모가 같고 분자끼리 나누어떨어지는 (진분수)÷(진분수)

11쪽

❶ 2	❼ 8	⓭ 9	⓳ 19
❷ 3	❽ 7	⓮ 10	⓴ 20
❸ 5	❾ 9	⓯ 11	㉑ 27
❹ 5	❿ 4	⓰ 11	
❺ 4	⓫ 8	⓱ 13	
❻ 3	⓬ 6	⓲ 12	

12쪽

❶ 1	❼ 2	⓭ 3	⓳ 4
❷ 2	❽ 4	⓮ 5	⓴ 2
❸ 3	❾ 2	⓯ 5	㉑ 4
❹ 2	❿ 6	⓰ 11	㉒ 5
❺ 3	⓫ 3	⓱ 2	㉓ 7
❻ 2	⓬ 4	⓲ 2	㉔ 7

2 DAY 분모가 같고 분자끼리 나누어떨어지지 않는 (진분수)÷(진분수)

13쪽

❶ $\dfrac{2}{3}$	❾ $\dfrac{5}{6}$	⓱ $\dfrac{13}{17}$
❷ $\dfrac{2}{3}$	❿ $\dfrac{2}{7}$	⓲ $\dfrac{8}{19}$
❸ $\dfrac{3}{4}$	⓫ $\dfrac{8}{9}$	⓳ $\dfrac{11}{13}$
❹ $\dfrac{5}{7}$	⓬ $\dfrac{6}{7}$	⓴ $\dfrac{12}{17}$
❺ $\dfrac{4}{5}$	⓭ $\dfrac{7}{8}$	㉑ $\dfrac{13}{23}$
❻ $\dfrac{3}{7}$	⓮ $\dfrac{4}{11}$	
❼ $\dfrac{7}{10}$	⓯ $\dfrac{7}{12}$	
❽ $\dfrac{9}{10}$	⓰ $\dfrac{5}{12}$	

14쪽

❶ $\dfrac{3}{2}\left(=1\dfrac{1}{2}\right)$	❾ $\dfrac{7}{2}\left(=3\dfrac{1}{2}\right)$	⓱ $\dfrac{11}{13}$
❷ $\dfrac{4}{3}\left(=1\dfrac{1}{3}\right)$	❿ $\dfrac{10}{3}\left(=3\dfrac{1}{3}\right)$	⓲ $\dfrac{10}{11}$
❸ $\dfrac{3}{2}\left(=1\dfrac{1}{2}\right)$	⓫ $\dfrac{9}{7}\left(=1\dfrac{2}{7}\right)$	⓳ $\dfrac{13}{17}$
❹ $\dfrac{6}{5}\left(=1\dfrac{1}{5}\right)$	⓬ $\dfrac{11}{9}\left(=1\dfrac{2}{9}\right)$	⓴ $\dfrac{16}{21}$
❺ $\dfrac{5}{3}\left(=1\dfrac{2}{3}\right)$	⓭ $\dfrac{15}{4}\left(=3\dfrac{3}{4}\right)$	㉑ $\dfrac{17}{27}$
❻ $\dfrac{7}{2}\left(=3\dfrac{1}{2}\right)$	⓮ $\dfrac{19}{8}\left(=2\dfrac{3}{8}\right)$	㉒ $\dfrac{16}{33}$
❼ $\dfrac{5}{3}\left(=1\dfrac{2}{3}\right)$	⓯ $\dfrac{23}{8}\left(=2\dfrac{7}{8}\right)$	㉓ $\dfrac{17}{38}$
❽ $\dfrac{8}{3}\left(=2\dfrac{2}{3}\right)$	⓰ $\dfrac{27}{5}\left(=5\dfrac{2}{5}\right)$	㉔ $\dfrac{13}{28}$

3 DAY 분모가 다르고 분자끼리 나누어떨어지는 (진분수) ÷ (진분수)

15쪽

❶ 2   ❻ 2   ⓫ 2   ⓰ 3   ㉑ 2
❷ 2   ❼ 2   ⓬ 3   ⓱ 2
❸ 3   ❽ 3   ⓭ 2   ⓲ 2
❹ 4   ❾ 4   ⓮ 3   ⓳ 5
❺ 2   ❿ 3   ⓯ 4   ⓴ 2

16쪽

❶ 6   ❻ 12   ⓫ 4   ⓰ 6   ㉑ 6
❷ 9   ❼ 6   ⓬ 10   ⓱ 15   ㉒ 12
❸ 4   ❽ 14   ⓭ 12   ⓲ 6   ㉓ 8
❹ 12   ❾ 6   ⓮ 6   ⓳ 6   ㉔ 14
❺ 10   ❿ 6   ⓯ 4   ⓴ 9

4 DAY 분모가 다르고 분자끼리 나누어떨어지지 않는 (진분수) ÷ (진분수)

17쪽

❶ $\frac{10}{3}\left(=3\frac{1}{3}\right)$ ❾ $\frac{4}{9}$ ⓱ $\frac{77}{78}$

❷ $\frac{3}{2}\left(=1\frac{1}{2}\right)$ ❿ $\frac{25}{21}\left(=1\frac{4}{21}\right)$ ⓲ $\frac{3}{4}$

❸ $\frac{6}{5}\left(=1\frac{1}{5}\right)$ ⓫ $\frac{27}{40}$ ⓳ $\frac{34}{35}$

❹ $\frac{9}{7}\left(=1\frac{2}{7}\right)$ ⓬ $\frac{5}{18}$ ⓴ $\frac{5}{21}$

❺ $\frac{32}{9}\left(=3\frac{5}{9}\right)$ ⓭ $\frac{8}{9}$ ㉑ $\frac{9}{10}$

❻ $\frac{8}{9}$ ⓮ $\frac{9}{20}$

❼ $\frac{15}{8}\left(=1\frac{7}{8}\right)$ ⓯ $\frac{9}{4}\left(=2\frac{1}{4}\right)$

❽ $\frac{14}{15}$ ⓰ $\frac{35}{24}\left(=1\frac{11}{24}\right)$

18쪽

❶ $\frac{20}{9}\left(=2\frac{2}{9}\right)$ ❾ $\frac{42}{55}$ ⓱ $\frac{26}{33}$

❷ $\frac{11}{12}$ ❿ $\frac{32}{15}\left(=2\frac{2}{15}\right)$ ⓲ $\frac{16}{15}\left(=1\frac{1}{15}\right)$

❸ $\frac{11}{10}\left(=1\frac{1}{10}\right)$ ⓫ $\frac{30}{11}\left(=2\frac{8}{11}\right)$ ⓳ $\frac{9}{10}$

❹ $\frac{13}{10}\left(=1\frac{3}{10}\right)$ ⓬ $\frac{5}{8}$ ⓴ $\frac{13}{21}$

❺ $\frac{10}{7}\left(=1\frac{3}{7}\right)$ ⓭ $\frac{36}{49}$ ㉑ $\frac{16}{15}\left(=1\frac{1}{15}\right)$

❻ $\frac{10}{3}\left(=3\frac{1}{3}\right)$ ⓮ $\frac{32}{25}\left(=1\frac{7}{25}\right)$ ㉒ $\frac{17}{28}$

❼ $\frac{75}{32}\left(=2\frac{11}{32}\right)$ ⓯ $\frac{63}{50}\left(=1\frac{13}{50}\right)$ ㉓ $\frac{80}{63}\left(=1\frac{17}{63}\right)$

❽ $\frac{24}{5}\left(=4\frac{4}{5}\right)$ ⓰ $\frac{14}{15}$ ㉔ $\frac{21}{10}\left(=2\frac{1}{10}\right)$

19쪽

❶ 4

❷ 3

❸ 2

❹ 2

❺ 3

❻ 5

❼ 3

❽ 4

❾ $\frac{3}{2}\left(=1\frac{1}{2}\right)$

❿ 4

⓫ $\frac{9}{2}\left(=4\frac{1}{2}\right)$

⓬ 5

⓭ 8

⓮ $\frac{5}{4}\left(=1\frac{1}{4}\right)$

⓯ $\frac{1}{2}$

⓰ 6

⓱ 7

⓲ $\frac{3}{5}$

⓳ $\frac{6}{5}\left(=1\frac{1}{5}\right)$

⓴ $\frac{12}{5}\left(=2\frac{2}{5}\right)$

㉑ $\frac{5}{4}\left(=1\frac{1}{4}\right)$

20쪽

❶ $\frac{6}{5}\left(=1\frac{1}{5}\right)$

❷ $\frac{10}{3}\left(=3\frac{1}{3}\right)$

❸ $\frac{8}{3}\left(=2\frac{2}{3}\right)$

❹ $\frac{9}{4}\left(=2\frac{1}{4}\right)$

❺ $\frac{8}{5}\left(=1\frac{3}{5}\right)$

❻ 8

❼ $\frac{8}{5}\left(=1\frac{3}{5}\right)$

❽ $\frac{4}{5}$

❾ $\frac{10}{9}\left(=1\frac{1}{9}\right)$

❿ $\frac{25}{8}\left(=3\frac{1}{8}\right)$

⓫ 3

⓬ $\frac{7}{5}\left(=1\frac{2}{5}\right)$

⓭ 1

⓮ $\frac{21}{20}\left(=1\frac{1}{20}\right)$

⓯ $\frac{44}{45}$

⓰ $\frac{6}{5}\left(=1\frac{1}{5}\right)$

⓱ $\frac{49}{90}$

⓲ 3

⓳ 4

⓴ $\frac{9}{7}\left(=1\frac{2}{7}\right)$

㉑ $\frac{7}{4}\left(=1\frac{3}{4}\right)$

㉒ 2

㉓ $\frac{68}{65}\left(=1\frac{3}{65}\right)$

㉔ $\frac{11}{2}\left(=5\frac{1}{2}\right)$

2 (진분수)÷(진분수)(2)

1 DAY (진분수) ÷ (단위분수)

23쪽

❶ $\dfrac{3}{2}\left(=1\dfrac{1}{2}\right)$ ❾ $\dfrac{21}{5}\left(=4\dfrac{1}{5}\right)$ ⑰ $\dfrac{35}{8}\left(=4\dfrac{3}{8}\right)$

❷ $\dfrac{2}{3}$ ⑩ $\dfrac{12}{5}\left(=2\dfrac{2}{5}\right)$ ⑱ $\dfrac{7}{2}\left(=3\dfrac{1}{2}\right)$

❸ $\dfrac{8}{3}\left(=2\dfrac{2}{3}\right)$ ⑪ $\dfrac{24}{5}\left(=4\dfrac{4}{5}\right)$ ⑲ $\dfrac{14}{9}\left(=1\dfrac{5}{9}\right)$

❹ $\dfrac{5}{4}\left(=1\dfrac{1}{4}\right)$ ⑫ $\dfrac{7}{6}\left(=1\dfrac{1}{6}\right)$ ⑳ $\dfrac{10}{3}\left(=3\dfrac{1}{3}\right)$

❺ $\dfrac{9}{2}\left(=4\dfrac{1}{2}\right)$ ⑬ $\dfrac{20}{3}\left(=6\dfrac{2}{3}\right)$ ㉑ $\dfrac{56}{9}\left(=6\dfrac{2}{9}\right)$

❻ $\dfrac{21}{4}\left(=5\dfrac{1}{4}\right)$ ⑭ $\dfrac{16}{7}\left(=2\dfrac{2}{7}\right)$

❼ $\dfrac{2}{5}$ ⑮ $\dfrac{18}{7}\left(=2\dfrac{4}{7}\right)$

❽ $\dfrac{12}{5}\left(=2\dfrac{2}{5}\right)$ ⑯ $\dfrac{20}{7}\left(=2\dfrac{6}{7}\right)$

24쪽

❶ $\dfrac{77}{10}\left(=7\dfrac{7}{10}\right)$ ❾ $\dfrac{17}{4}\left(=4\dfrac{1}{4}\right)$ ⑰ $\dfrac{45}{4}\left(=11\dfrac{1}{4}\right)$

❷ $\dfrac{7}{2}\left(=3\dfrac{1}{2}\right)$ ⑩ $\dfrac{32}{3}\left(=10\dfrac{2}{3}\right)$ ⑱ $\dfrac{56}{5}\left(=11\dfrac{1}{5}\right)$

❸ $\dfrac{55}{13}\left(=4\dfrac{3}{13}\right)$ ⑪ $\dfrac{75}{11}\left(=6\dfrac{9}{11}\right)$ ⑲ $\dfrac{26}{3}\left(=8\dfrac{2}{3}\right)$

❹ $\dfrac{77}{15}\left(=5\dfrac{2}{15}\right)$ ⑫ $\dfrac{49}{12}\left(=4\dfrac{1}{12}\right)$ ⑳ $\dfrac{46}{3}\left(=15\dfrac{1}{3}\right)$

❺ $\dfrac{52}{5}\left(=10\dfrac{2}{5}\right)$ ⑬ $\dfrac{6}{5}\left(=1\dfrac{1}{5}\right)$ ㉑ $\dfrac{56}{9}\left(=6\dfrac{2}{9}\right)$

❻ $\dfrac{25}{8}\left(=3\dfrac{1}{8}\right)$ ⑭ $\dfrac{16}{3}\left(=5\dfrac{1}{3}\right)$ ㉒

❼ $\dfrac{65}{6}\left(=10\dfrac{5}{6}\right)$ ⑮ 9 ㉓ 7

❽ $\dfrac{55}{6}\left(=9\dfrac{1}{6}\right)$ ⑯ $\dfrac{56}{15}\left(=3\dfrac{11}{15}\right)$ ㉔ $\dfrac{63}{10}\left(=6\dfrac{3}{10}\right)$

$\dfrac{45}{4}\left(=11\dfrac{1}{4}\right)$

2 DAY 분모가 같은 (진분수) ÷ (진분수)

25쪽

① $\dfrac{1}{2}$

② $\dfrac{3}{2}\left(=1\dfrac{1}{2}\right)$

③ $\dfrac{2}{3}$

④ 2

⑤ $\dfrac{5}{3}\left(=1\dfrac{2}{3}\right)$

⑥ $\dfrac{2}{3}$

⑦ $\dfrac{4}{3}\left(=1\dfrac{1}{3}\right)$

⑧ $\dfrac{5}{6}$

⑨ $\dfrac{6}{5}\left(=1\dfrac{1}{5}\right)$

⑩ $\dfrac{3}{5}$

⑪ $\dfrac{5}{3}\left(=1\dfrac{2}{3}\right)$

⑫ $\dfrac{5}{7}$

⑬ $\dfrac{7}{5}\left(=1\dfrac{2}{5}\right)$

⑭ $\dfrac{1}{2}$

⑮ $\dfrac{7}{5}\left(=1\dfrac{2}{5}\right)$

⑯ 2

⑰ $\dfrac{1}{3}$

⑱ $\dfrac{1}{9}$

⑲ $\dfrac{3}{7}$

⑳ $\dfrac{7}{9}$

㉑ $\dfrac{9}{8}\left(=1\dfrac{1}{8}\right)$

26쪽

① $\dfrac{7}{8}$

② $\dfrac{8}{9}$

③ $\dfrac{10}{7}\left(=1\dfrac{3}{7}\right)$

④ $\dfrac{6}{5}\left(=1\dfrac{1}{5}\right)$

⑤ $\dfrac{11}{13}$

⑥ $\dfrac{5}{3}\left(=1\dfrac{2}{3}\right)$

⑦ $\dfrac{9}{19}$

⑧ $\dfrac{11}{17}$

⑨ 4

⑩ $\dfrac{10}{3}\left(=3\dfrac{1}{3}\right)$

⑪ $\dfrac{19}{23}$

⑫ $\dfrac{11}{12}$

⑬ $\dfrac{15}{16}$

⑭ $\dfrac{19}{7}\left(=2\dfrac{5}{7}\right)$

⑮ $\dfrac{23}{24}$

⑯ 3

⑰ $\dfrac{11}{17}$

⑱ $\dfrac{12}{11}\left(=1\dfrac{1}{11}\right)$

⑲ $\dfrac{19}{14}\left(=1\dfrac{5}{14}\right)$

⑳ $\dfrac{21}{31}$

㉑ $\dfrac{27}{14}\left(=1\dfrac{13}{14}\right)$

㉒ 2

㉓ $\dfrac{19}{9}\left(=2\dfrac{1}{9}\right)$

㉔ $\dfrac{29}{43}$

3 DAY 분모가 다른 (진분수) ÷ (진분수)(1)

27쪽

① $\dfrac{4}{3}\left(=1\dfrac{1}{3}\right)$

② $\dfrac{9}{4}\left(=2\dfrac{1}{4}\right)$

③ $\dfrac{8}{5}\left(=1\dfrac{3}{5}\right)$

④ $\dfrac{24}{5}\left(=4\dfrac{4}{5}\right)$

⑤ $\dfrac{5}{2}\left(=2\dfrac{1}{2}\right)$

⑥ $\dfrac{8}{21}$

⑦ $\dfrac{5}{7}$

⑧ $\dfrac{18}{35}$

⑨ $\dfrac{25}{28}$

⑩ $\dfrac{40}{21}\left(=1\dfrac{19}{21}\right)$

⑪ $\dfrac{45}{28}\left(=1\dfrac{17}{28}\right)$

⑫ $\dfrac{15}{16}$

⑬ $\dfrac{27}{16}\left(=1\dfrac{11}{16}\right)$

⑭ $\dfrac{15}{16}$

⑮ $\dfrac{49}{16}\left(=3\dfrac{1}{16}\right)$

⑯ $\dfrac{7}{9}$

⑰ $\dfrac{49}{45}\left(=1\dfrac{4}{45}\right)$

⑱ $\dfrac{2}{5}$

⑲ $\dfrac{12}{25}$

⑳ $\dfrac{63}{40}\left(=1\dfrac{23}{40}\right)$

㉑ $\dfrac{12}{5}\left(=2\dfrac{2}{5}\right)$

28쪽

① $\dfrac{22}{9}\left(=2\dfrac{4}{9}\right)$

② $\dfrac{11}{8}\left(=1\dfrac{3}{8}\right)$

③ $\dfrac{36}{35}\left(=1\dfrac{1}{35}\right)$

④ $\dfrac{11}{10}\left(=1\dfrac{1}{10}\right)$

⑤ 2

⑥ $\dfrac{6}{5}\left(=1\dfrac{1}{5}\right)$

⑦ $\dfrac{80}{21}\left(=3\dfrac{17}{21}\right)$

⑧ $\dfrac{72}{35}\left(=2\dfrac{2}{35}\right)$

⑨ $\dfrac{13}{14}$

⑩ $\dfrac{2}{5}$

⑪ $\dfrac{11}{12}$

⑫ $\dfrac{17}{16}\left(=1\dfrac{1}{16}\right)$

⑬ $\dfrac{3}{2}\left(=1\dfrac{1}{2}\right)$

⑭ $\dfrac{23}{16}\left(=1\dfrac{7}{16}\right)$

⑮ $\dfrac{32}{45}$

⑯ $\dfrac{3}{4}$

⑰ $\dfrac{20}{33}$

⑱ $\dfrac{95}{27}\left(=3\dfrac{14}{27}\right)$

⑲ 2

⑳ $\dfrac{26}{27}$

㉑ $\dfrac{11}{10}\left(=1\dfrac{1}{10}\right)$

㉒ $\dfrac{39}{20}\left(=1\dfrac{19}{20}\right)$

㉓ $\dfrac{49}{15}\left(=3\dfrac{4}{15}\right)$

㉔ $\dfrac{33}{35}$

4 DAY 분모가 다른 (진분수)÷(진분수)(2)

29쪽

1. $\dfrac{6}{11}$
9. $\dfrac{9}{68}$
17. $\dfrac{5}{14}$

2. $\dfrac{25}{33}$
10. $\dfrac{25}{78}$
18. $\dfrac{49}{90}$

3. $\dfrac{27}{22}\left(=1\dfrac{5}{22}\right)$
11. $\dfrac{14}{27}$
19. $\dfrac{3}{20}$

4. $\dfrac{55}{96}$
12. $\dfrac{44}{63}$
20. $\dfrac{2}{3}$

5. $\dfrac{49}{36}\left(=1\dfrac{13}{36}\right)$
13. $\dfrac{21}{50}$
21. $\dfrac{4}{5}$

6. $\dfrac{9}{13}$
14. $\dfrac{91}{75}\left(=1\dfrac{16}{75}\right)$

7. $\dfrac{8}{27}$
15. $\dfrac{1}{4}$

8. $\dfrac{2}{3}$
16. $\dfrac{10}{21}$

30쪽

1. $\dfrac{30}{77}$
9. $\dfrac{21}{20}\left(=1\dfrac{1}{20}\right)$
17. $\dfrac{11}{17}$

2. $\dfrac{5}{4}\left(=1\dfrac{1}{4}\right)$
10. $\dfrac{14}{5}\left(=2\dfrac{4}{5}\right)$
18. $\dfrac{9}{10}$

3. $\dfrac{3}{2}\left(=1\dfrac{1}{2}\right)$
11. $\dfrac{5}{8}$
19. $\dfrac{1}{2}$

4. $\dfrac{4}{3}\left(=1\dfrac{1}{3}\right)$
12. $\dfrac{2}{3}$
20. $\dfrac{80}{57}\left(=1\dfrac{23}{57}\right)$

5. $\dfrac{33}{32}\left(=1\dfrac{1}{32}\right)$
13. $\dfrac{39}{56}$
21. $\dfrac{3}{2}\left(=1\dfrac{1}{2}\right)$

6. $\dfrac{63}{68}$
14. $\dfrac{2}{5}$
22. $\dfrac{15}{8}\left(=1\dfrac{7}{8}\right)$

7. $\dfrac{10}{9}\left(=1\dfrac{1}{9}\right)$
15. $\dfrac{57}{64}$
23. $\dfrac{20}{9}\left(=2\dfrac{2}{9}\right)$

8. $\dfrac{4}{3}\left(=1\dfrac{1}{3}\right)$
16. $\dfrac{32}{99}$
24. $\dfrac{7}{6}\left(=1\dfrac{1}{6}\right)$

5 DAY (진분수)÷(진분수)를 분수의 곱셈으로 계산하기

31쪽

1. 9
9. 18
17. $\dfrac{1}{7}$

2. 15
10. 27
18. $\dfrac{2}{3}$

3. 16
11. $\dfrac{8}{9}$
19. $\dfrac{11}{14}$

4. 12
12. $\dfrac{15}{4}\left(=3\dfrac{3}{4}\right)$
20. $\dfrac{3}{8}$

5. 15
13. $\dfrac{13}{5}\left(=2\dfrac{3}{5}\right)$
21. $\dfrac{3}{4}$

6. 22
14. $\dfrac{9}{2}\left(=4\dfrac{1}{2}\right)$

7. 10
15. $\dfrac{3}{5}$

8. 25
16. $\dfrac{3}{4}$

32쪽

1. $\dfrac{10}{3}\left(=3\dfrac{1}{3}\right)$
9. $\dfrac{10}{9}\left(=1\dfrac{1}{9}\right)$
17. $\dfrac{49}{90}$

2. $\dfrac{6}{5}\left(=1\dfrac{1}{5}\right)$
10. $\dfrac{25}{8}\left(=3\dfrac{1}{8}\right)$
18. $\dfrac{32}{15}\left(=2\dfrac{2}{15}\right)$

3. $\dfrac{8}{3}\left(=2\dfrac{2}{3}\right)$
11. $\dfrac{45}{49}$
19. $\dfrac{9}{14}$

4. $\dfrac{9}{4}\left(=2\dfrac{1}{4}\right)$
12. $\dfrac{7}{5}\left(=1\dfrac{2}{5}\right)$
20. $\dfrac{9}{7}\left(=1\dfrac{2}{7}\right)$

5. 8
13. 1
21. $\dfrac{7}{4}\left(=1\dfrac{3}{4}\right)$

6. $\dfrac{8}{5}\left(=1\dfrac{3}{5}\right)$
14. $\dfrac{21}{20}\left(=1\dfrac{1}{20}\right)$
22. $\dfrac{15}{14}\left(=1\dfrac{1}{14}\right)$

7. $\dfrac{3}{4}$
15. $\dfrac{44}{45}$
23. $\dfrac{68}{65}\left(=1\dfrac{3}{65}\right)$

8. $\dfrac{8}{5}\left(=1\dfrac{3}{5}\right)$
16. $\dfrac{6}{5}\left(=1\dfrac{1}{5}\right)$
24. $\dfrac{11}{2}\left(=5\dfrac{1}{2}\right)$

3 (분수)÷(분수)(1)

1
DAY (자연수) ÷ (진분수) _ 분자의 나눗셈으로 계산하기

35쪽

❶ 8	❼ 6	⓭ 14	⓳ 45
❷ 9	❽ 10	⓮ 27	⓴ 45
❸ 10	❾ 14	⓯ 24	㉑ 56
❹ 40	❿ 21	⓰ 30	
❺ 54	⓫ 15	⓱ 25	
❻ 4	⓬ 12	⓲ 28	

36쪽

❶ 22	❼ 60	⓭ 65	⓳ 30
❷ 12	❽ 14	⓮ 22	⓴ 66
❸ 11	❾ 55	⓯ 39	㉑ 85
❹ 39	❿ 24	⓰ 26	㉒ 80
❺ 12	⓫ 34	⓱ 46	㉓ 55
❻ 26	⓬ 36	⓲ 55	㉔ 50

2
DAY (자연수) ÷ (진분수) _ 분수의 곱셈으로 계산하기

37쪽

❶ $\frac{8}{3}\left(=2\frac{2}{3}\right)$	❾ $\frac{11}{2}\left(=5\frac{1}{2}\right)$	⓱ $\frac{38}{3}\left(=12\frac{2}{3}\right)$
❷ $\frac{7}{2}\left(=3\frac{1}{2}\right)$	❿ $\frac{33}{4}\left(=8\frac{1}{4}\right)$	⓲ $\frac{92}{3}\left(=30\frac{2}{3}\right)$
❸ $\frac{30}{7}\left(=4\frac{2}{7}\right)$	⓫ $\frac{39}{4}\left(=9\frac{3}{4}\right)$	⓳ $\frac{45}{2}\left(=22\frac{1}{2}\right)$
❹ $\frac{11}{3}\left(=3\frac{2}{3}\right)$	⓬ $\frac{91}{11}\left(=8\frac{3}{11}\right)$	⓴ $\frac{39}{4}\left(=9\frac{3}{4}\right)$
❺ $\frac{36}{7}\left(=5\frac{1}{7}\right)$	⓭ $\frac{15}{2}\left(=7\frac{1}{2}\right)$	㉑ $\frac{29}{3}\left(=9\frac{2}{3}\right)$
❻ $\frac{40}{7}\left(=5\frac{5}{7}\right)$	⓮ $\frac{64}{5}\left(=12\frac{4}{5}\right)$	
❼ $\frac{15}{2}\left(=7\frac{1}{2}\right)$	⓯ $\frac{96}{7}\left(=13\frac{5}{7}\right)$	
❽ $\frac{35}{3}\left(=11\frac{2}{3}\right)$	⓰ $\frac{17}{2}\left(=8\frac{1}{2}\right)$	

38쪽

❶ $\frac{70}{3}\left(=23\frac{1}{3}\right)$	❾ $\frac{50}{3}\left(=16\frac{2}{3}\right)$	⓱ $\frac{65}{3}\left(=21\frac{2}{3}\right)$
❷ $\frac{90}{7}\left(=12\frac{6}{7}\right)$	❿ $\frac{65}{3}\left(=21\frac{2}{3}\right)$	⓲ $\frac{75}{2}\left(=37\frac{1}{2}\right)$
❸ $\frac{27}{2}\left(=13\frac{1}{2}\right)$	⓫ $\frac{69}{4}\left(=17\frac{1}{4}\right)$	⓳ $\frac{57}{2}\left(=28\frac{1}{2}\right)$
❹ $\frac{33}{2}\left(=16\frac{1}{2}\right)$	⓬ $\frac{56}{3}\left(=18\frac{2}{3}\right)$	⓴ $\frac{85}{2}\left(=42\frac{1}{2}\right)$
❺ $\frac{66}{5}\left(=13\frac{1}{5}\right)$	⓭ $\frac{88}{5}\left(=17\frac{3}{5}\right)$	㉑ $\frac{69}{2}\left(=34\frac{1}{2}\right)$
❻ $\frac{39}{2}\left(=19\frac{1}{2}\right)$	⓮ $\frac{62}{3}\left(=20\frac{2}{3}\right)$	㉒ $\frac{95}{2}\left(=47\frac{1}{2}\right)$
❼ $\frac{64}{3}\left(=21\frac{1}{3}\right)$	⓯ $\frac{51}{2}\left(=25\frac{1}{2}\right)$	㉓ $\frac{91}{2}\left(=45\frac{1}{2}\right)$
❽ $\frac{46}{3}\left(=15\frac{1}{3}\right)$	⓰ $\frac{58}{3}\left(=19\frac{1}{3}\right)$	㉔ $\frac{99}{2}\left(=49\frac{1}{2}\right)$

3 DAY (가분수) ÷ (진분수)를 통분하여 계산하기

39쪽

❶ 6

❷ 8

❸ $\frac{14}{3}\left(=4\frac{2}{3}\right)$

❹ $\frac{49}{4}\left(=12\frac{1}{4}\right)$

❺ $\frac{27}{2}\left(=13\frac{1}{2}\right)$

❻ $\frac{28}{5}\left(=5\frac{3}{5}\right)$

❼ $\frac{44}{15}\left(=2\frac{14}{15}\right)$

❽ $\frac{84}{25}\left(=3\frac{9}{25}\right)$

❾ $\frac{88}{9}\left(=9\frac{7}{9}\right)$

❿ $\frac{85}{9}\left(=9\frac{4}{9}\right)$

⓫ $\frac{38}{9}\left(=4\frac{2}{9}\right)$

⓬ $\frac{57}{14}\left(=4\frac{1}{14}\right)$

⓭ $\frac{50}{7}\left(=7\frac{1}{7}\right)$

⓮ $\frac{46}{7}\left(=6\frac{4}{7}\right)$

⓯ $\frac{30}{7}\left(=4\frac{2}{7}\right)$

⓰ $\frac{77}{16}\left(=4\frac{13}{16}\right)$

⓱ $\frac{16}{9}\left(=1\frac{7}{9}\right)$

⓲ $\frac{44}{9}\left(=4\frac{8}{9}\right)$

⓳ $\frac{50}{9}\left(=5\frac{5}{9}\right)$

⓴ $\frac{63}{20}\left(=3\frac{3}{20}\right)$

㉑ $\frac{37}{8}\left(=4\frac{5}{8}\right)$

40쪽

❶ $\frac{26}{11}\left(=2\frac{4}{11}\right)$

❷ $\frac{52}{11}\left(=4\frac{8}{11}\right)$

❸ $\frac{15}{4}\left(=3\frac{3}{4}\right)$

❹ $\frac{80}{9}\left(=8\frac{8}{9}\right)$

❺ $\frac{45}{16}\left(=2\frac{13}{16}\right)$

❻ $\frac{18}{5}\left(=3\frac{3}{5}\right)$

❼ $\frac{90}{19}\left(=4\frac{14}{19}\right)$

❽ $\frac{31}{15}\left(=2\frac{1}{15}\right)$

❾ $\frac{20}{7}\left(=2\frac{6}{7}\right)$

❿ $\frac{45}{8}\left(=5\frac{5}{8}\right)$

⓫ $\frac{78}{23}\left(=3\frac{9}{23}\right)$

⓬ $\frac{75}{32}\left(=2\frac{11}{32}\right)$

⓭ $\frac{56}{15}\left(=3\frac{11}{15}\right)$

⓮ $\frac{62}{15}\left(=4\frac{2}{15}\right)$

⓯ $\frac{11}{4}\left(=2\frac{3}{4}\right)$

⓰ $\frac{41}{24}\left(=1\frac{17}{24}\right)$

⓱ $\frac{75}{64}\left(=1\frac{11}{64}\right)$

⓲ $\frac{28}{11}\left(=2\frac{6}{11}\right)$

⓳ $\frac{12}{7}\left(=1\frac{5}{7}\right)$

⓴ $\frac{81}{32}\left(=2\frac{17}{32}\right)$

㉑ $\frac{19}{12}\left(=1\frac{7}{12}\right)$

㉒ $\frac{29}{12}\left(=2\frac{5}{12}\right)$

㉓ $\frac{14}{5}\left(=2\frac{4}{5}\right)$

㉔ $\frac{72}{13}\left(=5\frac{7}{13}\right)$

4 DAY (가분수) ÷ (진분수)를 분수의 곱셈으로 계산하기

41쪽

❶ 10

❷ 16

❸ 15

❹ $\frac{77}{4}\left(=19\frac{1}{4}\right)$

❺ $\frac{45}{2}\left(=22\frac{1}{2}\right)$

❻ $\frac{54}{5}\left(=10\frac{4}{5}\right)$

❼ $\frac{26}{3}\left(=8\frac{2}{3}\right)$

❽ $\frac{24}{7}\left(=3\frac{3}{7}\right)$

❾ $\frac{10}{3}\left(=3\frac{1}{3}\right)$

❿ $\frac{11}{4}\left(=2\frac{3}{4}\right)$

⓫ $\frac{65}{12}\left(=5\frac{5}{12}\right)$

⓬ $\frac{96}{35}\left(=2\frac{26}{35}\right)$

⓭ 9

⓮ $\frac{39}{7}\left(=5\frac{4}{7}\right)$

⓯ 6

⓰ $\frac{49}{8}\left(=6\frac{1}{8}\right)$

⓱ $\frac{40}{9}\left(=4\frac{4}{9}\right)$

⓲ 51

⓳ $\frac{16}{3}\left(=5\frac{1}{3}\right)$

⓴ $\frac{51}{8}\left(=6\frac{3}{8}\right)$

㉑ $\frac{11}{2}\left(=5\frac{1}{2}\right)$

42쪽

❶ $\frac{85}{22}\left(=3\frac{19}{22}\right)$

❷ $\frac{15}{2}\left(=7\frac{1}{2}\right)$

❸ $\frac{36}{7}\left(=5\frac{1}{7}\right)$

❹ $\frac{85}{9}\left(=9\frac{4}{9}\right)$

❺ $\frac{27}{8}\left(=3\frac{3}{8}\right)$

❻ $\frac{33}{4}\left(=8\frac{1}{4}\right)$

❼ $\frac{77}{19}\left(=4\frac{1}{19}\right)$

❽ $\frac{41}{15}\left(=2\frac{11}{15}\right)$

❾ $\frac{46}{21}\left(=2\frac{4}{21}\right)$

❿ $\frac{27}{4}\left(=6\frac{3}{4}\right)$

⓫ $\frac{38}{23}\left(=1\frac{15}{23}\right)$

⓬ $\frac{14}{9}\left(=1\frac{5}{9}\right)$

⓭ $\frac{22}{5}\left(=4\frac{2}{5}\right)$

⓮ $\frac{17}{3}\left(=5\frac{2}{3}\right)$

⓯ $\frac{81}{56}\left(=1\frac{25}{56}\right)$

⓰ $\frac{60}{31}\left(=1\frac{29}{31}\right)$

⓱ $\frac{65}{48}\left(=1\frac{17}{48}\right)$

⓲ $\frac{40}{11}\left(=3\frac{7}{11}\right)$

⓳ $\frac{24}{5}\left(=4\frac{4}{5}\right)$

⓴ $\frac{9}{4}\left(=2\frac{1}{4}\right)$

㉑ $\frac{22}{9}\left(=2\frac{4}{9}\right)$

㉒ $\frac{56}{27}\left(=2\frac{2}{27}\right)$

㉓ $\frac{9}{4}\left(=2\frac{1}{4}\right)$

㉔ $\frac{12}{5}\left(=2\frac{2}{5}\right)$

(자연수) ÷ (진분수), (가분수) ÷ (진분수) 계산하기

43쪽

❶ $\dfrac{9}{2}\left(=4\dfrac{1}{2}\right)$　❾ $\dfrac{72}{5}\left(=14\dfrac{2}{5}\right)$　❿ 48

❷ 6　　❿ $\dfrac{45}{2}\left(=22\dfrac{1}{2}\right)$　⓲ 42

❸ 8　　⓫ $\dfrac{75}{4}\left(=18\dfrac{3}{4}\right)$　⓳ $\dfrac{85}{2}\left(=42\dfrac{1}{2}\right)$

❹ 5　　⓬ 36　　⓴ 55

❺ $\dfrac{21}{2}\left(=10\dfrac{1}{2}\right)$　⓭ $\dfrac{85}{3}\left(=28\dfrac{1}{3}\right)$　㉑ 76

❻ $\dfrac{56}{3}\left(=18\dfrac{2}{3}\right)$　⓮ 36

❼ $\dfrac{27}{2}\left(=13\dfrac{1}{2}\right)$　⓯ 30

❽ 20　　⓰ 42

44쪽

❶ 9　　❾ $\dfrac{35}{4}\left(=8\dfrac{3}{4}\right)$　⓱ 6

❷ $\dfrac{56}{9}\left(=6\dfrac{2}{9}\right)$　❿ $\dfrac{44}{9}\left(=4\dfrac{8}{9}\right)$　⓲ $\dfrac{13}{6}\left(=2\dfrac{1}{6}\right)$

❸ $\dfrac{9}{2}\left(=4\dfrac{1}{2}\right)$　⓫ $\dfrac{45}{14}\left(=3\dfrac{3}{14}\right)$　⓳ $\dfrac{15}{4}\left(=3\dfrac{3}{4}\right)$

❹ $\dfrac{77}{12}\left(=6\dfrac{5}{12}\right)$　⓬ $\dfrac{5}{2}\left(=2\dfrac{1}{2}\right)$　⓴ $\dfrac{29}{8}\left(=3\dfrac{5}{8}\right)$

❺ $\dfrac{63}{8}\left(=7\dfrac{7}{8}\right)$　⓭ $\dfrac{10}{3}\left(=3\dfrac{1}{3}\right)$　㉑ $\dfrac{5}{3}\left(=1\dfrac{2}{3}\right)$

❻ $\dfrac{45}{4}\left(=11\dfrac{1}{4}\right)$　⓮ $\dfrac{21}{4}\left(=5\dfrac{1}{4}\right)$　㉒ $\dfrac{72}{7}\left(=10\dfrac{2}{7}\right)$

❼ $\dfrac{20}{9}\left(=2\dfrac{2}{9}\right)$　⓯ $\dfrac{5}{3}\left(=1\dfrac{2}{3}\right)$　㉓ $\dfrac{16}{9}\left(=1\dfrac{7}{9}\right)$

❽ $\dfrac{80}{21}\left(=3\dfrac{17}{21}\right)$　⓰ $\dfrac{28}{5}\left(=5\dfrac{3}{5}\right)$　㉔ $\dfrac{11}{5}\left(=2\dfrac{1}{5}\right)$

4 (분수)÷(분수)(2)

1 DAY 분모가 같은 (대분수) ÷ (진분수)

47쪽

❶ 3 ❻ $4\frac{1}{2}$ ⓫ $2\frac{1}{5}$ ⓰ $6\frac{1}{2}$

❷ 4 ❼ $1\frac{2}{5}$ ⓬ $6\frac{1}{2}$ ⓱ $1\frac{3}{4}$

❸ $1\frac{2}{3}$ ❽ 11 ⓭ $2\frac{1}{5}$ ⓲ $2\frac{3}{7}$

❹ $2\frac{1}{3}$ ❾ $2\frac{1}{4}$ ⓮ $1\frac{6}{7}$ ⓳ $1\frac{6}{7}$

❺ 2 ❿ $1\frac{2}{3}$ ⓯ 5 ⓴ $4\frac{3}{5}$

48쪽

❶ $3\frac{1}{2}$ ❻ $3\frac{1}{5}$ ⓫ $7\frac{2}{3}$ ⓰ $3\frac{1}{11}$ ㉑ $9\frac{2}{3}$

❷ $2\frac{3}{4}$ ❼ $5\frac{2}{3}$ ⓬ 4 ⓱ $5\frac{1}{2}$ ㉒ $4\frac{3}{7}$

❸ $6\frac{1}{2}$ ❽ $3\frac{1}{6}$ ⓭ $3\frac{4}{7}$ ⓲ $4\frac{1}{3}$ ㉓ $5\frac{1}{4}$

❹ $4\frac{2}{3}$ ❾ $2\frac{3}{7}$ ⓮ $6\frac{1}{2}$ ⓳ $4\frac{1}{4}$ ㉔ $7\frac{1}{5}$

❺ $2\frac{3}{5}$ ❿ $4\frac{1}{5}$ ⓯ 5 ⓴ $5\frac{2}{5}$

2 DAY 분모가 다른 (대분수) ÷ (진분수)

49쪽

❶ $4\frac{1}{2}$ ❻ $4\frac{1}{5}$ ⓫ $2\frac{2}{7}$ ⓰ $2\frac{5}{8}$

❷ $5\frac{1}{3}$ ❼ $2\frac{4}{5}$ ⓬ $2\frac{1}{7}$ ⓱ $1\frac{5}{6}$

❸ 2 ❽ $4\frac{4}{5}$ ⓭ $1\frac{5}{7}$ ⓲ $2\frac{2}{9}$

❹ $1\frac{7}{8}$ ❾ $1\frac{1}{2}$ ⓮ $3\frac{6}{7}$ ⓳ $4\frac{3}{4}$

❺ $2\frac{1}{4}$ ❿ $2\frac{1}{6}$ ⓯ $2\frac{1}{6}$ ⓴ $1\frac{3}{5}$

50쪽

❶ 10 ❻ $3\frac{1}{4}$ ⓫ $3\frac{1}{9}$ ⓰ $3\frac{1}{2}$ ㉑ $4\frac{1}{2}$

❷ $3\frac{1}{3}$ ❼ $2\frac{6}{7}$ ⓬ $3\frac{2}{3}$ ⓱ 6 ㉒ $4\frac{4}{9}$

❸ $5\frac{1}{4}$ ❽ $4\frac{4}{7}$ ⓭ $3\frac{1}{3}$ ⓲ 10 ㉓ 9

❹ $6\frac{3}{5}$ ❾ $2\frac{5}{6}$ ⓮ $4\frac{1}{2}$ ⓳ $4\frac{1}{5}$ ㉔ 12

❺ $5\frac{2}{5}$ ❿ $3\frac{3}{8}$ ⓯ $2\frac{1}{2}$ ⓴ $4\frac{2}{7}$

3 DAY 분모가 같은 (대분수) ÷ (대분수)

51쪽

1. $\frac{4}{5}$
2. $\frac{5}{11}$
3. $\frac{7}{13}$
4. $\frac{2}{3}$
5. $\frac{7}{13}$
6. $\frac{1}{2}$
7. $\frac{9}{23}$
8. $\frac{7}{11}$
9. $\frac{3}{4}$
10. $\frac{11}{15}$
11. $1\frac{1}{3}$
12. $\frac{13}{24}$
13. $\frac{9}{13}$
14. $\frac{11}{23}$
15. $1\frac{2}{11}$
16. $\frac{5}{7}$
17. $\frac{11}{14}$
18. $\frac{7}{13}$
19. $\frac{4}{7}$
20. $1\frac{4}{13}$

52쪽

1. $\frac{1}{2}$
2. $1\frac{1}{12}$
3. $1\frac{4}{13}$
4. $1\frac{1}{2}$
5. $\frac{4}{5}$
6. $1\frac{1}{2}$
7. $1\frac{8}{11}$
8. $1\frac{2}{5}$
9. $1\frac{6}{17}$
10. $1\frac{8}{11}$
11. $\frac{22}{25}$
12. $1\frac{6}{7}$
13. 2
14. $1\frac{8}{11}$
15. $1\frac{6}{13}$
16. $1\frac{5}{17}$
17. $1\frac{11}{16}$
18. $1\frac{4}{21}$
19. $1\frac{4}{5}$
20. $2\frac{3}{13}$
21. $1\frac{13}{19}$
22. $2\frac{4}{9}$
23. $3\frac{7}{8}$
24. 3

4 DAY 분모가 다른 (대분수) ÷ (대분수)

53쪽

1. $1\frac{1}{8}$
2. $\frac{8}{9}$
3. $1\frac{1}{3}$
4. $\frac{15}{16}$
5. $1\frac{1}{6}$
6. $\frac{9}{10}$
7. $\frac{4}{5}$
8. $1\frac{1}{5}$
9. $\frac{1}{4}$
10. $\frac{5}{6}$
11. $\frac{6}{7}$
12. $\frac{4}{7}$
13. $1\frac{3}{7}$
14. $\frac{3}{4}$
15. $1\frac{1}{10}$
16. $\frac{3}{4}$
17. $\frac{9}{16}$
18. $\frac{2}{3}$
19. $1\frac{1}{3}$
20. $1\frac{1}{9}$

54쪽

1. $1\frac{1}{2}$
2. $1\frac{5}{9}$
3. $2\frac{2}{9}$
4. $1\frac{23}{32}$
5. $1\frac{1}{5}$
6. $1\frac{4}{5}$
7. $1\frac{3}{5}$
8. $1\frac{1}{2}$
9. $\frac{9}{14}$
10. $2\frac{2}{7}$
11. $1\frac{1}{8}$
12. $\frac{8}{15}$
13. $1\frac{8}{27}$
14. $2\frac{5}{8}$
15. $1\frac{1}{3}$
16. $1\frac{1}{2}$
17. $2\frac{4}{5}$
18. $1\frac{9}{10}$
19. $2\frac{7}{10}$
20. $\frac{5}{6}$
21. $1\frac{1}{8}$
22. $2\frac{1}{4}$
23. $1\frac{3}{7}$
24. $2\frac{1}{2}$

5 DAY (대분수) ÷ (진분수), (대분수) ÷ (대분수) 계산하기

55쪽

1. 9
2. 5
3. 7
4. $4\frac{1}{2}$
5. $3\frac{4}{5}$
6. $7\frac{1}{2}$
7. 13
8. $4\frac{3}{4}$
9. 12
10. 15
11. $4\frac{4}{5}$
12. 3
13. $7\frac{1}{2}$
14. $5\frac{5}{7}$
15. $8\frac{4}{7}$
16. $5\frac{1}{4}$
17. $7\frac{7}{8}$
18. $6\frac{1}{3}$
19. $7\frac{2}{9}$
20. $5\frac{1}{5}$

56쪽

1. $1\frac{1}{2}$
2. $2\frac{2}{9}$
3. $\frac{5}{7}$
4. $2\frac{2}{3}$
5. 3
6. $1\frac{2}{5}$
7. $1\frac{15}{16}$
8. $1\frac{12}{23}$
9. $\frac{2}{3}$
10. $1\frac{2}{3}$
11. $1\frac{1}{2}$
12. 2
13. $3\frac{1}{5}$
14. $2\frac{2}{5}$
15. $1\frac{3}{4}$
16. $\frac{6}{7}$
17. $\frac{5}{7}$
18. $2\frac{1}{7}$
19. $\frac{3}{8}$
20. $1\frac{7}{8}$
21. $1\frac{1}{2}$
22. $\frac{14}{15}$
23. $1\frac{1}{3}$
24. $1\frac{5}{9}$

5 자릿수가 같은 (소수)÷(소수)

1 DAY 자연수의 나눗셈을 이용한 (소수)÷(소수)

59쪽

❶ 4	❻ 91	⓫ 9
❷ 2	❼ 36	⓬ 5
❸ 14	❽ 45	⓭ 8
❹ 6	❾ 4	⓮ 9
❺ 51	❿ 4	

60쪽

❶ 9	❻ 31	⓫ 5	⓰ 12
❷ 8	❼ 2	⓬ 7	⓱ 9
❸ 7	❽ 3	⓭ 8	⓲ 13
❹ 38	❾ 4	⓮ 11	
❺ 27	❿ 6	⓯ 8	

2 DAY (소수 한 자리 수)÷(소수 한 자리 수)(1)

61쪽

❶ 4	❼ 8	⓭ 27
❷ 3	❽ 4	⓮ 25
❸ 2	❾ 52	⓯ 24
❹ 3	❿ 47	⓰ 32
❺ 4	⓫ 36	⓱ 37
❻ 6	⓬ 29	

62쪽

❶ 2	❼ 9	⓭ 42	⓳ 46
❷ 4	❽ 66	⓮ 51	⓴ 36
❸ 7	❾ 47	⓯ 49	㉑ 53
❹ 8	❿ 29	⓰ 42	
❺ 7	⓫ 59	⓱ 48	
❻ 9	⓬ 35	⓲ 56	

63쪽

❶ 8   ❼ 9   ⓭ 6
❷ 6   ❽ 13   ⓮ 4
❸ 3   ❾ 17   ⓯ 18
❹ 4   ❿ 19   ⓰ 17
❺ 3   ⓫ 16   ⓱ 16
❻ 12   ⓬ 12

64쪽

❶ 4   ❼ 3   ⓭ 9   ⓳ 12
❷ 3   ❽ 7   ⓮ 11   ⓴ 23
❸ 3   ❾ 5   ⓯ 21   ㉑ 14
❹ 2   ❿ 6   ⓰ 17
❺ 3   ⓫ 8   ⓱ 21
❻ 2   ⓬ 7   ⓲ 18

4 DAY (소수 두 자리 수)÷(소수 두 자리 수)(1)

65쪽

❶ 7   ❼ 37   ⓭ 19
❷ 4   ❽ 29   ⓮ 35
❸ 5   ❾ 32   ⓯ 46
❹ 5   ❿ 34   ⓰ 42
❺ 8   ⓫ 9   ⓱ 38
❻ 45   ⓬ 13

66쪽

❶ 6   ❼ 9   ⓭ 41   ⓳ 12
❷ 6   ❽ 12   ⓮ 43   ⓴ 26
❸ 7   ❾ 74   ⓯ 12   ㉑ 53
❹ 8   ❿ 39   ⓰ 32
❺ 8   ⓫ 26   ⓱ 23
❻ 9   ⓬ 37   ⓲ 28

5 DAY (소수 두 자리 수)÷(소수 두 자리 수)(2)

67쪽

❶ 6   ❼ 4   ⓭ 13
❷ 6   ❽ 5   ⓮ 16
❸ 8   ❾ 6   ⓯ 19
❹ 7   ❿ 7   ⓰ 18
❺ 4   ⓫ 9   ⓱ 22
❻ 5   ⓬ 16

68쪽

❶ 2   ❼ 4   ⓭ 4   ⓳ 25
❷ 4   ❽ 5   ⓮ 7   ⓴ 23
❸ 4   ❾ 4   ⓯ 6   ㉑ 48
❹ 6   ❿ 6   ⓰ 11
❺ 4   ⓫ 4   ⓱ 11
❻ 6   ⓬ 5   ⓲ 13

6 자릿수가 다른 (소수)÷(소수)

1 DAY (소수 두 자리 수)÷(소수 한 자리 수)⑴

71쪽

❶ 0.7	❼ 2.3	⓭ 0.7
❷ 0.7	❽ 7.4	⓮ 0.5
❸ 0.6	❾ 2.4	⓯ 0.4
❹ 0.5	❿ 3.1	⓰ 0.4
❺ 0.8	⓫ 3.4	⓱ 0.3
❻ 6.5	⓬ 0.4	⓲ 0.3

72쪽

❶ 1.5	❼ 0.9	⓭ 2.4	⓳ 2.8
❷ 2.9	❽ 0.8	⓮ 2.6	⓴ 2.6
❸ 1.9	❾ 2.1	⓯ 2.7	㉑ 3.6
❹ 2.3	❿ 3.2	⓰ 2.3	
❺ 1.2	⓫ 2.4	⓱ 2.7	
❻ 1.1	⓬ 2.3	⓲ 2.4	

2 DAY (소수 두 자리 수)÷(소수 한 자리 수)⑵

73쪽

❶ 2.1	❼ 4.9	⓭ 2.7
❷ 1.4	❽ 4.6	⓮ 2.9
❸ 1.3	❾ 6.3	⓯ 3.2
❹ 1.4	❿ 6.3	⓰ 3.8
❺ 2.1	⓫ 2.5	⓱ 3.6
❻ 6.3	⓬ 2.4	⓲ 4.2

74쪽

❶ 2.3	❼ 6.5	⓭ 2.9	⓳ 5.6
❷ 1.7	❽ 5.9	⓮ 2.3	⓴ 4.2
❸ 3.1	❾ 4.6	⓯ 2.3	㉑ 7.2
❹ 2.4	❿ 4.2	⓰ 1.9	
❺ 2.4	⓫ 1.8	⓱ 3.3	
❻ 6.7	⓬ 2.7	⓲ 5.2	

3 DAY (소수 세 자리 수) ÷ (소수 두 자리 수)

75쪽

❶ 1.2	❼ 3.6	⓭ 2.9
❷ 1.3	❽ 3.7	⓮ 1.7
❸ 1.7	❾ 3.6	⓯ 1.3
❹ 1.3	❿ 4.2	⓰ 1.8
❺ 1.4	⓫ 6.2	⓱ 1.4
❻ 6.1	⓬ 2.6	⓲ 1.2

76쪽

❶ 1.3	❼ 3.4	⓭ 2.4	⓳ 2.1
❷ 1.6	❽ 8.2	⓮ 3.4	⓴ 2.3
❸ 1.8	❾ 5.3	⓯ 2.4	㉑ 2.3
❹ 1.7	❿ 2.9	⓰ 2.6	
❺ 1.4	⓫ 4.1	⓱ 2.5	
❻ 1.2	⓬ 6.2	⓲ 2.6	

4 DAY 자릿수가 다른 (소수) ÷ (소수) ⑴

77쪽

❶ 0.9	❼ 3.1	⓭ 2.1
❷ 0.3	❽ 0.5	⓮ 2.3
❸ 0.4	❾ 0.4	⓯ 3.5
❹ 3.2	❿ 0.4	⓰ 4.3
❺ 4.3	⓫ 1.5	⓱ 4.4
❻ 2.4	⓬ 1.4	⓲ 5.2

78쪽

❶ 3.4	❼ 5.8	⓭ 1.1	⓳ 1.4
❷ 5.6	❽ 3.4	⓮ 5.2	⓴ 2.1
❸ 2.3	❾ 3.6	⓯ 5.9	㉑ 1.8
❹ 2.2	❿ 1.2	⓰ 2.5	
❺ 1.7	⓫ 1.3	⓱ 2.2	
❻ 3.6	⓬ 1.2	⓲ 2.3	

5 DAY 자릿수가 다른 (소수) ÷ (소수) ⑵

79쪽

❶ 0.3	❼ 2.9	⓭ 2.3
❷ 1.1	❽ 0.3	⓮ 2.1
❸ 0.8	❾ 0.4	⓯ 4.5
❹ 5.6	❿ 0.5	⓰ 2.1
❺ 4.8	⓫ 1.3	⓱ 6.4
❻ 3.4	⓬ 1.8	

80쪽

❶ 3.4	❼ 3.4	⓭ 5.8	⓳ 2.3
❷ 5.1	❽ 3.2	⓮ 6.2	⓴ 1.8
❸ 1.2	❾ 1.2	⓯ 1.2	㉑ 1.6
❹ 2.3	❿ 1.3	⓰ 1.3	
❺ 2.1	⓫ 1.4	⓱ 2.3	
❻ 4.8	⓬ 6.4	⓲ 1.6	

7 (자연수)÷(소수)

1 DAY (자연수) ÷ (1보다 작은 소수 한 자리 수)

83쪽

❶ 5	❼ 40	⑬ 220
❷ 20	❽ 70	⑭ 320
❸ 5	❾ 80	⑮ 280
❹ 4	⑩ 30	⑯ 230
❺ 60	⑪ 440	⑰ 180
❻ 80	⑫ 260	

84쪽

❶ 10	❼ 110	⑬ 140	⑲ 350
❷ 10	❽ 40	⑭ 160	⑳ 260
❸ 5	❾ 50	⑮ 190	㉑ 540
❹ 10	⑩ 80	⑯ 680	
❺ 30	⑪ 45	⑰ 170	
❻ 60	⑫ 50	⑱ 270	

2 DAY (자연수) ÷ (1보다 큰 소수 한 자리 수)

85쪽

❶ 5	❼ 30	⑬ 150
❷ 2	❽ 40	⑭ 130
❸ 5	❾ 20	⑮ 120
❹ 2	⑩ 20	⑯ 130
❺ 20	⑪ 15	⑰ 140
❻ 40	⑫ 130	

86쪽

❶ 4	❼ 30	⑬ 30	⑲ 120
❷ 5	❽ 20	⑭ 40	⑳ 160
❸ 5	❾ 30	⑮ 230	㉑ 170
❹ 15	⑩ 15	⑯ 110	
❺ 20	⑪ 20	⑰ 210	
❻ 30	⑫ 20	⑱ 150	

3 DAY (자연수) ÷ (1보다 작은 소수 두 자리 수)

87쪽

❶ 50
❷ 100
❸ 50
❹ 60
❺ 20
❻ 700
❼ 300
❽ 120
❾ 150
❿ 120
⓫ 2200
⓬ 1300
⓭ 2100
⓮ 1200
⓯ 3500
⓰ 1200
⓱ 1500

88쪽

❶ 200
❷ 20
❸ 160
❹ 50
❺ 50
❻ 400
❼ 300
❽ 200
❾ 400
❿ 300
⓫ 300
⓬ 400
⓭ 400
⓮ 450
⓯ 3000
⓰ 4000
⓱ 550
⓲ 1300
⓳ 1300
⓴ 1400
㉑ 1500

4 DAY (자연수) ÷ (1보다 큰 소수 두 자리 수)

89쪽

❶ 4
❷ 8
❸ 20
❹ 25
❺ 20
❻ 25
❼ 20
❽ 20
❾ 20
❿ 16
⓫ 150
⓬ 84
⓭ 50
⓮ 60
⓯ 50
⓰ 60
⓱ 72

90쪽

❶ 4
❷ 4
❸ 8
❹ 20
❺ 20
❻ 20
❼ 50
❽ 50
❾ 60
❿ 40
⓫ 50
⓬ 50
⓭ 200
⓮ 300
⓯ 400
⓰ 200
⓱ 600
⓲ 300
⓳ 200
⓴ 300
㉑ 200

5 DAY (자연수) ÷ (소수) 계산하기

91쪽

❶ 5
❷ 5
❸ 65
❹ 15
❺ 30
❻ 130
❼ 175
❽ 150
❾ 150
❿ 155
⓫ 300
⓬ 300
⓭ 50
⓮ 20
⓯ 2800
⓰ 4200
⓱ 200

92쪽

❶ 40
❷ 40
❸ 48
❹ 65
❺ 30
❻ 42
❼ 40
❽ 120
❾ 110
❿ 180
⓫ 50
⓬ 400
⓭ 200
⓮ 1500
⓯ 1200
⓰ 1600
⓱ 120
⓲ 50
⓳ 80
⓴ 200
㉑ 300

8 몫을 반올림하여 나타내기

1 DAY 몫을 반올림하여 일의 자리까지 나타내기

95쪽

❶ 1   ❻ 1   ⓫ 7
❷ 1   ❼ 3
❸ 8   ❽ 4
❹ 2   ❾ 16
❺ 2   ❿ 8

96쪽

❶ 4   ❻ 1   ⓫ 4
❷ 1   ❼ 6   ⓬ 2
❸ 3   ❽ 2   ⓭ 9
❹ 6   ❾ 8   ⓮ 1
❺ 1   ❿ 5   ⓯ 5

2 DAY 몫을 반올림하여 소수 첫째 자리까지 나타내기

97쪽

❶ 0.2   ❻ 4.8   ⓫ 9.2
❷ 4.4   ❼ 3.8
❸ 2.8   ❽ 3.8
❹ 1.7   ❾ 5.1
❺ 3.8   ❿ 2.1

98쪽

❶ 0.4   ❻ 0.8   ⓫ 10.7
❷ 2.7   ❼ 5.3   ⓬ 3.2
❸ 7.2   ❽ 6.0   ⓭ 4.0
❹ 6.4   ❾ 3.1   ⓮ 15.9
❺ 9.1   ❿ 5.4   ⓯ 20.4

3 DAY 몫을 반올림하여 소수 둘째 자리까지 나타내기

99쪽

❶ 0.29　　❻ 12.43　　⓫ 6.36
❷ 12.33　　❼ 4.65
❸ 6.56　　❽ 16.33
❹ 0.51　　❾ 6.82
❺ 2.22　　❿ 3.83

100쪽

❶ 0.78　　❻ 0.31　　⓫ 5.22
❷ 1.17　　❼ 17.73　　⓬ 3.05
❸ 11.17　　❽ 1.88　　⓭ 2.36
❹ 3.71　　❾ 2.38　　⓮ 10.22
❺ 9.22　　❿ 2.05　　⓯ 8.55

4 DAY 몫을 반올림하여 나타내기(1)

101쪽

❶ 2　　❼ 6　　⓭ 13.5
❷ 9.7　　❽ 4.3　　⓮ 7.95
❸ 9.83　　❾ 2
❹ 0　　❿ 2.1
❺ 1.4　　⓫ 10.67
❻ 2.84　　⓬ 6.88

102쪽

❶ 3　　❼ 3　　⓭ 8
❷ 0.4　　❽ 10.4　　⓮ 6.7
❸ 4.43　　❾ 1.62　　⓯ 13.47
❹ 9　　❿ 3　　⓰ 2
❺ 0.4　　⓫ 5.2　　⓱ 2.9
❻ 1.18　　⓬ 11.29　　⓲ 43.69

5 DAY 몫을 반올림하여 나타내기(2)

103쪽

❶ 1　　❼ 7　　⓭ 9.2
❷ 5.3　　❽ 3.8　　⓮ 12.55
❸ 8.27　　❾ 1.99
❹ 1　　❿ 10
❺ 1.1　　⓫ 3.2
❻ 3.48　　⓬ 2.68

104쪽

❶ 2　　❼ 5　　⓭ 11
❷ 1.6　　❽ 11.8　　⓮ 10.3
❸ 3.38　　❾ 2.66　　⓯ 20.35
❹ 12　　❿ 3　　⓰ 7
❺ 3.6　　⓫ 6.9　　⓱ 19.4
❻ 0.44　　⓬ 13.83　　⓲ 29.23

9 비례식과 비례배분(1)

1 DAY 비의 성질

107쪽

❶ 2 / 6, 8　　　❻ 3 / 9, 12
❷ 3 / 18, 15　　❼ 8 / 32, 72
❸ 2 / 20, 14　　❽ 5 / 55, 35
❹ 3 / 24, 21　　❾ 4 / 80, 52
❺ 4 / 44, 24

108쪽

❶ 2 / 6, 4　　　❻ 7 / 12, 9　　❿ 5 / 9, 12
❷ 4 / 4, 6　　　❼ 6 / 6, 21　　⓬ 12 / 5, 12
❸ 5 / 16, 6　　❽ 10 / 11, 6
❹ 4 / 18, 24　　❾ 2 / 16, 29
❺ 3 / 5, 11　　❿ 4 / 11, 24

2 DAY 자연수의 비를 간단한 자연수의 비로 나타내기

109쪽

❶ 1 : 2　　　❼ 9 : 2　　　⓭ 7 : 3
❷ 2 : 5　　　❽ 32 : 3　　⓮ 15 : 4
❸ 2 : 9　　　❾ 17 : 6　　⓯ 17 : 12
❹ 1 : 11　　❿ 8 : 5
❺ 1 : 8　　　⓫ 6 : 1
❻ 2 : 5　　　⓬ 3 : 2

110쪽

❶ 9 : 20　　❼ 2 : 31　　⓭ 35 : 32
❷ 5 : 8　　　❽ 2 : 7　　　⓮ 50 : 37
❸ 9 : 19　　❾ 3 : 4　　　⓯ 5 : 3
❹ 9 : 17　　❿ 47 : 10　　⓰ 31 : 42
❺ 1 : 4　　　⓫ 20 : 7
❻ 3 : 1　　　⓬ 7 : 3

3

소수의 비를 간단한 자연수의 비로 나타내기

111쪽

① 1 : 3 ⑦ 5 : 3 ⑬ 26 : 29

② 2 : 5 ⑧ 2 : 3 ⑭ 1 : 3

③ 4 : 3 ⑨ 4 : 15

④ 9 : 4 ⑩ 2 : 1

⑤ 12 : 7 ⑪ 1 : 3

⑥ 1 : 3 ⑫ 7 : 3

112쪽

① 10 : 31 ⑦ 80 : 7 ⑬ 70 : 3

② 1 : 50 ⑧ 50 : 1 ⑭ 55 : 9

③ 2 : 45 ⑨ 45 : 2 ⑮ 85 : 31

④ 1 : 5 ⑩ 1 : 60 ⑯ 13 : 35

⑤ 1 : 30 ⑪ 5 : 37

⑥ 63 : 10 ⑫ 31 : 10

4

분수의 비를 간단한 자연수의 비로 나타내기

113쪽

① 10 : 3 ⑦ 45 : 8 ⑬ 64 : 39

② 3 : 2 ⑧ 7 : 20

③ 3 : 5 ⑨ 4 : 45

④ 6 : 7 ⑩ 25 : 98

⑤ 32 : 27 ⑪ 27 : 88

⑥ 32 : 9 ⑫ 4 : 51

114쪽

① 9 : 4 ⑦ 12 : 5 ⑬ 9 : 14

② 45 : 34 ⑧ 104 : 105 ⑭ 19 : 14

③ 16 : 33 ⑨ 3 : 4 ⑮ 1 : 2

④ 15 : 4 ⑩ 32 : 15 ⑯ 64 : 95

⑤ 7 : 30 ⑪ 26 : 33

⑥ 6 : 5 ⑫ 8 : 3

5

분수와 소수의 비를 간단한 자연수의 비로 나타내기

115쪽

① 5 : 4 ⑦ 72 : 25 ⑬ 21 : 50

② 2 : 3 ⑧ 21 : 11

③ 9 : 10 ⑨ 27 : 4

④ 15 : 32 ⑩ 4 : 7

⑤ 5 : 16 ⑪ 48 : 25

⑥ 12 : 1 ⑫ 63 : 25

116쪽

① 65 : 24 ⑦ 85 : 52 ⑬ 24 : 35

② 16 : 1 ⑧ 11 : 3 ⑭ 49 : 25

③ 80 : 81 ⑨ 49 : 88 ⑮ 5 : 13

④ 75 : 64 ⑩ 1 : 3 ⑯ 97 : 32

⑤ 50 : 63 ⑪ 87 : 35

⑥ 68 : 5 ⑫ 18 : 25

10 비례식과 비례배분(2)

1 비례식 알아보기
DAY

119쪽

❶ 2, 6 / 3, 4
❷ 1, 8 / 2, 4
❸ 12, 1 / 4, 3
❹ 9, 8 / 18, 4
❺ 6, 12 / 8, 9
❻ 7, 6 / 2, 21
❼ 0.9, 4 / 1.2, 3
❽ 8, 0.6 / 2, 2.4
❾ 1.2, 7 / 2.1, 4
❿ 7, 0.9 / 3, 2.1
⓫ 5, 3.5 / 7, 2.5
⓬ $\frac{2}{5}$, 5 / $\frac{1}{2}$, 4

120쪽

❶ 56, 56
❷ 24, 24
❸ 25, 25
❹ 108, 108
❺ 126, 126
❻ 168, 168
❼ 192, 192
❽ 4, 4
❾ 3, 3
❿ 7.2, 7.2
⓫ 2.4, 2.4
⓬ 7.2, 7.2
⓭ 4.2, 4.2
⓮ 2.4, 2.4

2 비례식의 성질을 이용하여 비례식 풀기
DAY

121쪽

❶ 10
❷ 12
❸ 8
❹ 18
❺ 21
❻ 2
❼ 7
❽ 6
❾ 6
❿ 19
⓫ 8
⓬ 6
⓭ 9
⓮ 72
⓯ 8

122쪽

❶ 4.5 또는 $4\frac{1}{2}$
❷ 1
❸ 0.8 또는 $\frac{4}{5}$
❹ $\frac{5}{6}$
❺ 1
❻ 20
❼ 75
❽ 0.15 또는 $\frac{3}{20}$
❾ 6.5 또는 $6\frac{1}{2}$
❿ 0.64 또는 $\frac{16}{25}$
⓫ 8
⓬ 9
⓭ 1.28 또는 $1\frac{7}{25}$
⓮ 24
⓯ 2
⓰ $\frac{2}{3}$

3
DAY

비의 성질을 이용하여 비례식 풀기

123쪽

❶ 15
❷ 16
❸ 20
❹ 32
❺ 20
❻ 72
❼ 4
❽ 22
❾ 16
❿ 20
⓫ 35
⓬ 22
⓭ 60
⓮ 12
⓯ 15

124쪽

❶ 1
❷ 0.25 또는 $\frac{1}{4}$
❸ 0.45 또는 $\frac{9}{20}$
❹ 4.9 또는 $4\frac{9}{10}$
❺ $6\frac{2}{3}$
❻ 5
❼ 22.5 또는 $22\frac{1}{2}$
❽ 23.75 또는 $23\frac{3}{4}$
❾ 1
❿ $1\frac{1}{3}$
⓫ 20
⓬ 2
⓭ $4\frac{5}{6}$
⓮ 6.75 또는 $6\frac{3}{4}$
⓯ 2
⓰ 1.2 또는 $1\frac{1}{5}$

4
DAY

비례배분하기

125쪽

❶ 20, 10
❷ 30, 15
❸ 10, 40
❹ 20, 28
❺ 25, 30
❻ 33, 55
❼ 70, 60
❽ 45, 99
❾ 96, 104
❿ 225, 75
⓫ 99, 126
⓬ 48, 52
⓭ 80, 16

126쪽

❶ 2, 4
❷ 6, 4
❸ 5, 20
❹ 30, 50
❺ 81, 18
❻ 100, 50
❼ 120, 80
❽ 165, 231
❾ 24, 36
❿ 15, 75
⓫ 30, 25
⓬ 20, 44
⓭ 31, 93
⓮ 63, 99
⓯ 189, 135
⓰ 432, 208

5
DAY

비례식과 비례배분

127쪽

❶ 12
❷ 15
❸ 15
❹ 7.5 또는 $7\frac{1}{2}$
❺ 18
❻ 3.75 또는 $3\frac{3}{4}$
❼ 10
❽ 4.5 또는 $4\frac{1}{2}$
❾ 4
❿ $1\frac{1}{9}$
⓫ 3.75 또는 $3\frac{3}{4}$
⓬ $8\frac{8}{9}$
⓭ 8
⓮ 18
⓯ 9.9 또는 $9\frac{9}{10}$

128쪽

❶ 6, 3
❷ 5, 10
❸ 24, 16
❹ 8, 80
❺ 25, 10
❻ 70, 50
❼ 110, 90
❽ 120, 130
❾ 75, 65
❿ 285, 225
⓫ 345, 255
⓬ 555, 333
⓭ 165, 180
⓮ 70, 105
⓯ 40, 30
⓰ 195, 165

24 만점왕 연산 ⓬단계